AF458104

ÉCOLE SPÉCIALE DES TRAVAUX PUBLICS
DU BATIMENT ET DE L'INDUSTRIE
3, rue Thénard — PARIS
M. LÉON EYROLLES ✲ (I.), Ingénieur-Directeur

NOUVEAU CAHIER

DES

CLAUSES ET CONDITIONS GÉNÉRALES

IMPOSÉES AUX ENTREPRENEURS

DES TRAVAUX DES PONTS ET CHAUSSÉES

PARIS
ÉCOLE SPÉCIALE DES TRAVAUX PUBLICS
Rue Du Sommerard, Rue Thénard et Boulevard Saint-Germain
1911
PROPRIÉTÉ DU DIRECTEUR DE L'ÉCOLE

INTRODUCTION

Par arrêté en date du 29 décembre 1910, M. le Ministre des Travaux publics a apporté de nombreuses modifications au Cahier des Clauses et Conditions générales imposées aux Entrepreneurs des Ponts et Chaussées.

Nous donnons ci-après le nouveau texte ainsi que les explications rédigées par l'Administration pour préciser la portée de ces divers changements.

Pour faciliter l'étude des modifications apportées et faire ressortir aussi clairement que possible l'esprit de ces modifications, nous avons maintenu la forme adoptée par l'Administration pour leur présentation : sur la page de gauche on trouve le texte ancien et le texte nouveau ; sur la page de droite, en regard de chaque article, on a l'explication des changements apportés.

Les nouvelles dispositions remplacent et annulent les arrêtés ministériels des 16 février 1892 et 30 septembre 1899, ainsi que les circulaires ministérielles des 12 avril 1881, 7 juin 1884, 18 février 1892, 17 octobre 1900 et 19 juin 1908.

TEXTE ANCIEN

ARRÊTÉ

DU 16 FÉVRIER 1892

modifié par arrêté du 30 septembre 1899

LE MINISTRE DES TRAVAUX PUBLICS,

Vu l'avis du Conseil général des Ponts et Chaussées en date du 25 juin 1890;

Vu l'avis de la section des Travaux publics, de l'Agriculture, du Commerce, de l'Industrie et des Postes et Télégraphes du Conseil d'Etat, en date du 3 juin 1891;

Sur le rapport du Conseiller d'Etat, directeur des Routes, de la Navigation et des Mines, et du Conseiller d'Etat, directeur des Chemins de fer,

TEXTE NOUVEAU

ARRÊTÉ

DU 29 DÉCEMBRE 1910

LE MINISTRE DES TRAVAUX PUBLICS, DES POSTES ET DES TÉLÉGRAPHES,

Vu l'arrêté du 16 février 1892, réglant les clauses et conditions générales imposées aux entrepreneurs des travaux des Ponts et Chaussées,

Vu la décision ministérielle du 5 mai 1893 modifiant l'article 15 dudit arrêté;

Vu l'arrêté du 30 septembre 1899, pris en conformité de la loi du 9 avril 1898 concernant les responsabilités des accidents dont les ouvriers sont victimes dans leur travail et du décret du 10 Août 1899 sur les conditions du travail dans les marchés passés au nom de l'Etat;

Vu le rapport, en date du 11 juin 1909, présenté au nom de la Commission interministérielle chargée par le décret du 22 juin 1908 d'étudier l'ensemble des questions relatives aux adjudications de travaux publics;

Vu l'avis du Conseil général des Ponts et Chaussées en date des 15, 20 et 27 octobre, 3 novembre 1910;

Sur la proposition des Directeurs du Personnel et de la comptabilité, des Routes et de la navigation, des Chemins de fer et des Mines, des voies ferrées d'intérêt local et des distributions d'énergie électrique.

TEXTE ANCIEN (1)	TEXTE NOUVEAU (2)
ARRÊTE :	ARRÊTE :

ARTICLE PREMIER

Dispositions générales

Tous les marchés relatifs à l'exécution des travaux dépendant de l'Administration des Ponts et Chaussées, qu'ils soient passés dans la forme d'adjudication publique ou qu'ils résultent de conventions faites de gré à gré, sont soumis, en tout ce qui leur est applicable, aux dispositions suivantes.	(Sans changement.)

TITRE PREMIER

ADJUDICATIONS

ART. 2.

Conditions à remplir pour être admis aux adjudications

Nul n'est admis à concourir aux adjudications, s'il ne justifie qu'il a les qualités requises pour garantir la bonne exécution des travaux. A cet effet, chaque concurrent est tenu de fournir un certificat constatant sa capacité et de présenter un acte régulier de cautionnement, sauf l'exception prévue au dernier paragraphe de l'article suivant et les autres exceptions autorisées par les lois, décrets et règlements en vigueur.	Nul n'est admis à concourir aux adjudications s'il *ne produit une déclaration indiquant son intention de soumissionner. A cette déclaration doivent être joints des références* et un acte régulier de cautionnement, sauf l'exception *stipulée* au dernier paragraphe de l'article suivant et les autres exceptions autorisées par les lois, décrets et règlements en vigueur. *Les Sociétés d'ouvriers français doivent, pour être admises à l'adjudication, se faire représenter vis-à-vis de l'Administration, par un délégué unique, muni des pouvoirs nécessaires en bonne et due forme, et pourvu des références exigées par l'article 3 ci-après.* *Ce représentant a, au regard de l'Administration, les mêmes droits et les mêmes obligations qu'un entrepreneur agissant pour son propre compte. S'il vient à mourir ou à se retirer au cours de l'entreprise, la société doit présenter un remplaçant à l'Ingénieur en chef dans un délai de quinze jours. Cette présentation est transmise d'urgence au*

(1) Les passages en italique des articles 9, 11, 15, 16, 35 et 44 constituent les additions ou modifications apportées par l'arrêté du 30 septembre 1899 au texte de l'arrêté du 16 février 1892.

(2) Les parties en italique constituent des additions ou des modifications au texte ancien.

EXPLICATIONS A L'APPUI DES CHANGEMENTS APPORTÉS

Art. 2.

L'Etat ne doit admettre à soumissionner que des personnes reconnues capables d'exécuter le service qui leur serait confié, et il convient, comme l'a recommandé la circulaire du 5 août 1898, que cette sage prescription, — destinée tout à la fois à assurer une bonne et régulière exécution des travaux et à sauvegarder les intérêts du Trésor, — soit strictement observée par les ingénieurs en chef et les bureaux d'adjudication. Mais il n'est pas indispensable que la capacité des concurrents soit constatée dans une forme déterminée et il convient de leur permettre d'en justifier par tous les moyens possibles.

C'est dans cet ordre d'idées que l'article 2 a été remanié. L'obligation de produire « un certificat de capacité » est supprimée, et les concurrents devront seulement présenter, à l'avenir, des références à l'appui de la déclaration constatant leur intention de soumissionner.

Le paragraphe final reproduit le texte que la circulaire du 17 février 1892 a prescrit d'insérer dans tous les cahiers des charges pour l'admission aux adjudications des sociétés d'ouvriers français.

Il est utile de rappeler qu'en matière d'adjudications, le décret du 4 juin 1888 confère à ces sociétés les trois avantages suivants :

1° Lorsque le montant prévu des travaux ou des fournitures faisant l'objet de l'adjudication ne dépasse pas 50.000 francs, ces associations sont dispensées de tout cautionnement ;

2° A égalité de rabais consenti par un entrepreneur ou fournisseur et une société d'ouvriers, cette dernière doit être déclarée adjudicataire ,

TEXTE ANCIEN	TEXTE NOUVEAU
	Ministre avec l'avis motivé de l'Ingénieur en chef et celui du Préfet. *Le Ministre a le droit de résilier le marché, avec reprise facultative du matériel, s'il ne juge pas pouvoir agréer le remplaçant proposé, ou si la société n'a pas fait de présentation dans le délai ci-dessus indiqué. Il a également le droit de prononcer la résiliation du marché, avec reprise facultative du matériel, dans le cas où il est constaté, après l'adjudication, que la société n'est pas ou qu'elle a cessé d'être valablement constituée.*

ART. 3.

Certificats de capacité.	**Déclaration et références.**
Les certificats de capacité sont délivrés par les hommes de l'art. Ils ne doivent pas avoir plus de trois ans de date au moment de l'adjudication. Il y est fait mention de la manière dont les soumissionnaires ont rempli leurs engagements, soit envers l'Administration, soit envers les tiers, soit envers les ouvriers, dans les travaux qu'ils ont exécutés, surveillés ou suivis. Ces travaux doivent avoir été faits dans les dix dernières années et exécutés sous la direction de l'homme de l'art qui a délivré le certificat. Les certificats de capacité sont présentés huit jours au moins avant l'adjudication à l'Ingénieur en chef, qui doit les viser à titre de communication. Ils sont accompagnés d'une note indiquant les travaux exécutés par le soumissionnaire depuis qu'ils ont été délivrés.	*La déclaration fait connaître les nom, prénoms, qualité et domicile du candidat.* *Les références consistent en une note émanant du candidat et indiquant le lieu, la date, la nature et l'importance des travaux qu'il a exécutés ou à l'exécution desquels il a concouru, l'emploi qu'il occupait dans chacune des entreprises auxquelles il a collaboré, ainsi que les noms, qualités et domiciles des hommes de l'art sous la direction desquels les travaux ont été exécutés. Les certificats délivrés par ces hommes de l'art peuvent être joints à la note.* *La déclaration et les références sont visées à titre de communication par l'Ingénieur en chef. A cet effet, elles doivent lui être présentées dans un délai qui, à défaut de stipulation contraire du cahier des charges, expire dix jours avant l'adjudication.*
Il n'est pas exigé de certificats de capacité pour la fourniture des matériaux destinés à l'exécution des routes en empierrement, ni pour les travaux de terrassement dont l'estimation ne s'élève pas à plus de 20.000 francs.	Il n'est pas exigé *de références* pour la fourniture des matériaux destinés à l'exécution des *chaussées* en empierrement, ni pour les travaux de terrassements dont l'estimation ne s'élève pas à plus de 20,000 frs.

ART. 4.

Cautionnement

Le cahier des charges spécial à chaque entreprise peut déterminer l'importance des garanties pécuniaires à produire :	Le cahier des charges spécial à chaque entreprise peut déterminer l'importance des garanties pécuniaires à produire :

EXPLICATIONS A L'APPUI DES CHANGEMENTS APPORTÉS

3° Les sociétés d'ouvriers doivent recevoir « tous les quinze jours » des acomptes sur les ouvrages exécutés ou les fournitures livrées.

Il est d'ailleurs entendu que les Ingénieurs devront toujours, avant de faire au Ministre des propositions de résiliation, inviter la Société dont le représentant sera décédé ou se sera retiré au cours de l'entreprise, à fournir dans le délai prescrit des propositions pour la désignation du remplaçant.

Art. 3.

Cette déclaration et ces références sont définies par l'article 3, qui est entièrement nouveau.

On a laissé aux concurrents la faculté de joindre à la note qu'ils ont à présenter les certificats qui leur auront été délivrés par les hommes de l'art ; et le second paragraphe a été rédigé de façon à permettre explicitement, dans certains cas, l'admission d'agents qui, après avoir surveillé des travaux dans des entreprises, se décident ensuite à travailler pour leur propre compte.

D'après les instructions en vigueur (circulaire du 20 décembre 1907), les ingénieurs en chef doivent convoquer autant que possible, quelques jours avant les adjudications, les entrepreneurs sur le compte desquels ils posséderaient des renseignements insuffisants ou douteux, en vue de leur demander les explications ou les justifications nécessaires. C'est pour faciliter l'exécution de ces prescriptions que l'on a porté à *dix jours* le délai fixé pour la communication des pièces à l'ingénieur en chef avant l'adjudication. Ce délai pourra même être augmenté dans des circonstances tout à fait exceptionnelles, dont les ingénieurs auraient, le cas échéant, à rendre compte dans leurs rapports.

Art. 4.

On a légèrement modifié le 4e paragraphe de cet article, qui, en sa forme actuelle, ne spécifie pas d'une manière suffisamment précise que *toutes* les conditions fixées par le le décret relatif aux adjudications et aux marchés passés au nom de l'Etat sont

TEXTE ANCIEN

Par chaque soumissionnaire, à titre de cautionnement provisoire ;

Par l'adjudicataire, à titre de cautionnement définitif.

Ces cautionnements sont réalisés dans les conditions fixées par le décret relatif aux adjudications et aux marchés passés au nom de l'Etat.

A défaut de stipulations particulières dans le cahier des charges, le montant en est fixé, pour le cautionnement provisoire, au soixantième, et pour le cautionnement définif au trentième de l'estimation des travaux, déduction faite de toutes les sommes portées à valoir pour dépenses imprévues et ouvrages en régie.

Le cautionnement définitif est constitué dans le département où se fait l'adjudication, et doit être réalisé dans les vingt jours qui suivent la notification de l'approbation du marché.

Il reste affecté à la garantie des engagements contractés par l'adjudicataire jusqu'à la réception définitive des travaux. Toutefois, le Ministre peut, dans le cours de l'entreprise, autoriser la restitution de tout ou partie du cautionnement.

TEXTE NOUVEAU

Par chaque soumissionnaire, à titre de cautionnement provisoire ;

Par l'adjudicataire, à titre de cautionnement définitif.

Ces cautionnements sont *soumis aux* conditions fixées par le décret relatif aux adjudications et aux marchés passés au nom de l'Etat.

A défaut de stipulations particulières dans le cahier des charges, le montant en est fixé, pour le cautionnement provisoire, au soixantième, et pour le cautionnement définitif au trentième de l'estimation des travaux, déduction faite de toutes les sommes portées à valoir pour dépenses imprévues et ouvrages en régie.

Le cautionnement définitif est constitué dans le département où se fait l'adjudication, et doit être réalisé dans les vingt jours qui suivent la notification de l'approbation du marché.

Il reste affecté à la garantie des engagements contractés par l'adjudicataire jusqu'à la réception définitive des travaux. Toutefois, le Ministre peut, dans le cours de l'entreprise, autoriser la restitution de tout ou partie du cautionnement.

ART. 5.

Approbation de l'adjudication

TEXTE ANCIEN

L'adjudication n'est valable qu'après l'approbation de l'autorité compétente. L'entrepreneur ne peut prétendre à aucune indemnité dans le cas où l'adjudication n'est point approuvée.

Si l'approbation du marché n'a pas été notifiée à l'adjudicataire dans un délai de trente jours, à partir de la date du procès-verbal de l'adjudication, l'adjudicataire sera libre de renoncer à l'entreprise et il lui sera donné main-levée de son cautionnement.

TEXTE NOUVEAU

L'adjudication n'est valable qu'après *qu'elle a été approuvée par le Préfet, au nom du Ministre, si elle n'a donné lieu à aucune réclamation ou protestation, et par le Ministre, dans les autres cas.*

L'entrepreneur ne peut prétendre à aucune indemnité dans le cas ou l'adjudication n'est point appprouvée.

Si l'approbation du marché n'a pas été notifiée à l'adjudicataire dans un délai *qui courra* de la date du procès-verbal d'adjucation *et qui sera de dix ou de trente jours suivant que cette approbation sera donnée par le Préfet ou le Ministre,* l'adjudicataire sera libre de renoncer à l'entreprise et *sur la déclaration écrite de cette renonciation* il lui sera donné main-levée de son cautionnement.

Mais, s'il n'a pas usé de cette faculté avant la notification de l'approbation du marché, il sera engagé irrévocablement vis-à-vis de l'Etat par cette notification.

applicables aux cautionnements des marchés de l'Administration des ponts et chaussées,

Il paraît d'ailleurs utile de rappeler ici les dispositions de la circulaire du 6 avril 1908 ainsi conçues :

« A l'appui des propositions relatives au remboursement anticipé des cautionnements, « il y a lieu d'indiquer le montant de la retenue de garantie restant à payer et le « montant du cautionnement. En matière de résiliation d'entreprise avec abandon du « cautionnement, il convient d'adresser à l'Administration une copie conforme de l'acte « d'abandon du cautionnement et le récépissé de versement de ce cautionnement. »

D'après les règlements en vigueur, le cautionnement provisoire peut être déposé à la Direction de la Caisse des dépôts et consignations ou dans un département quelconque ; au contraire, pour le cautionnement définitif, le texte de l'article 4 prescrit le dépôt dans le département où se fait l'adjudication. Pour faciliter le transfert des cautionnements provisoires destinés à constituer, à la caisse d'un préposé d'un autre département, les cautionnements définitifs des entrepreneurs déclarés adjudicataires, le Directeur général de la Caisse des dépôts et consignations a donné des instructions détaillées à son personnel dans une circulaire du 21 janvier 1910.

Art. 5.

Trois changements, qui s'expliquent d'eux-mêmes, ont été apportés à cet article :

1° La circulaire du 17 février 1892 prescrit d'insérer toujours dans les devis une clause indiquant l'autorité compétente pour approuver l'adjudication ; il a paru plus simple d'inscrire cette clause dans l'article 5.

2° On a réduit à dix jours, dans le cas où l'adjudication doit être approuvée par le préfet, le délai à partir duquel l'adjudicataire a le droit de déclarer qu'il renonce au bénéfice de l'adjudication.

3° On a stipulé que l'adjudicataire ne sera plus admis à renoncer à l'entreprise, quel que soit le délai écoulé entre le procès-verbal d'adjudication et l'approbation de cette adjudication, s'il a omis d'user de la faculté qui lui est réservée avant d'avoir reçu notification de cette approbation.

ART. 6.

Pièces à délivrer à l'entrepreneur

TEXTE ANCIEN	TEXTE NOUVEAU
Aussitôt après l'approbation de l'adjudication, le préfet délivre à l'entrepreneur, sur son récépissé, une expédition vérifiée par l'ingénieur en chef et dûment légalisée du devis, du bordereau des prix, du détail estimatif et des autres pièces qui seraient expressément désignées dans le devis comme servant de base au marché, ainsi qu'une copie certifiée du procès-verbal d'adjudication et un exemplaire imprimé des présentes clauses et conditions générales.	Aussitôt après l'approbation de l'adjudication, le préfet délivre à l'entrepreneur, sur son récépisssé, une expédition, vérifiée par l'ingénieur en chef et dûment légalisée du devis, du bordereau des prix, du détail estimatif, *du bordereau constatant le taux normal et courant des salaires et la durée normale et courante de la journée de travail*, et des autres pièces qui seraient expressément désignées dans le devis comme servant de base au marché, ainsi qu'une copie certifiée du procès-verbal d'adjudication et un exemplaire imprimé des présentes clauses et conditions générales. *L'entrepreneur peut d'ailleurs faire prendre copie dans les bureaux de l'ingénieur des autres pièces qui ont figuré au dossier public d'adjudication.*

ART. 7.

Frais d'adjudication

TEXTE ANCIEN	TEXTE NOUVEAU
L'entrepreneur acquitte les droits auxquels pourra donner lieu l'enregistrement de son marché, tels que ses droits résulteront des lois et règlements en vigueur.	L'entrepreneur acquitte les droits auxquels pourra donner lieu l'enregistrement de son marché, tels que ces droits résulteront des lois et règlements en vigueur.
Il paie, en outre, les droits de timbre et d'expédition du devis, du bordereau des prix, du détail estimatif et des autres pièces expressément désignées dans le devis, ainsi que du procès-verbal d'adjudication.	Il paye, en outre, les droits de timbre, *tant de la minute que de l'expédition, et les frais d'expédition des pièces ci-après: le devis, le bordereau des prix, le détail estimatif, le bordereau constatant le taux normal et courant des salaires et la durée normale et courante de la journée de travail et les autres pièces expressément désignées dans le devis comme devant servir de base au marché; enfin le procès-verbal d'adjudication.*
L'état de ces frais est arrêté par le préfet. Le montant en est versé par l'entrepreneur à la caisse du Trésorier-payeur général.	L'état de ces frais est arrêté par le Préfet. Le montant en est versé par l'entrepreneur à la Caisse du Trésorier-payeur général.

ART. 8.

Domicile de l'entrepreneur

TEXTE ANCIEN	TEXTE NOUVEAU
L'entrepreneur est tenu d'élire un domicile à proximité des travaux et de faire connaître le lieu de ce domicile au préfet.	L'entrepreneur est tenu d'élire un domicile à proximité des travaux et de faire connaître le lieu de ce domicile au préfet.

EXPLICATIONS A L'APPUI DES CHANGEMENTS APPORTÉS

ART. 6.

Le bordereau constatant le taux normal et courant des salaires et la durée normale et courante de la journée de travail constitue une pièce jointe, sauf le cas d'impossibilité matérielle prévu par l'article 3, alinéa 4, du décret du 10 août 1899, à tous les marchés passés au nom de l'Etat. On a donc inscrit ce document parmi les pièces à délivrer à l'entrepreneur, afin d'éviter d'introduire dans tous les cahiers des charges une stipulation spéciale à cet égard.

Chaque dossier constitué en vue d'une adjudication comprend les pièces servant de base au marché auxquelles sont adjoints, suivant les cas, dans un sous-dossier spécial, des dessins propres à faciliter aux candidats à l'adjudication l'intelligence du projet à exécuter. Il a été reconnu qu'on ne pouvait refuser à l'entrepreneur de faire prendre copie des pièces faisant partie de ce sous-dossier ; le paragraphe final de l'article 6 a été ajouté dans cet ordre d'idées.

ART. 7.

On a ajouté au paragraphe 2, comme à l'article précédent, le bordereau constatant le taux normal et courant des salaires et la durée normale et courante de la journée de travail.

En outre, on a stipulé explicitement, dans le même paragraphe, conformément aux prescriptions des articles 78 et 80 de la loi du 15 mai 1818, que la minute des pièces du marché, c'est-à-dire des pièces revêtues de l'approbation ministérielle ou préfectorale, était assujettie, comme l'expédition de ces pièces, aux droits de timbre. On doit toutefois excepter de cette règle le cahier des clauses et conditions générales applicables à toutes les adjudications. Ce document a, en effet, le caractère d'un règlement administratif exempt du timbre, même lorsque le procès-verbal d'adjudication s'y réfère, et il ne serait passible du droit que si, transcrit dans le procès-verbal, il en devenait partie intégrante.

ART. 8.

On a précisé l'origine du délai imparti à l'entrepreneur pour élire un domicile à proximité des travaux.

TEXTE ANCIEN

Faute par lui de remplir cette obligation dans un délai de 15 jours à partir de l'approbation de l'adjudication, toutes les notifications qui se rattachent à son entreprise sont valables, lorsqu'elles ont été faites à la mairie de la commune désignée à cet effet par le devis.

Après la réception définitive des travaux, l'entrepreneur est relevé de l'obligation d'avoir un domicile à proximité des travaux S'il ne fait pas connaître son nouveau domicile au préfet, les notifications relatives à son entreprise sont valablement faites à la mairie ci-dessous désignée.

TEXTE NOUVEAU

Faute par lui de remplir cette obligation dans un délai de quinze jours à partir de *de la notification* de l'approbation de l'adjudication, toutes les notifications qui se rattachent à son entreprise sont valables, lorsqu'elles ont été faites à la mairie de la commune désignée à cet effet par le devis.

Après la réception définitive des travaux, l'entrepreneur est relevé de l'obligation d'avoir un domicile à proximité des travaux. S'il ne fait pas connaître son nouveau domicile au préfet, les notifications relatives à son entreprise sont valablement faites à la mairie ci-dessus désignée.

TITRE II

EXÉCUTION DES TRAVAUX

Art. 9.

Défense de sous-traiter sans autorisation

TEXTE ANCIEN

L'entrepreneur ne peut céder à des sous-traitants une ou plusieurs parties de son entreprise, sans le consentement de l'Administration.

Dans tous les cas, il demeure personnellement responsable, tant envers l'Administration qu'envers les ouvriers et les tiers.

Si un sous-traité est passé sans autorisation, l'Administration peut, suivant les cas, soit prononcer la résiliation pure et simple de l'entreprise, soit procéder à une nouvelle adjudication à la folle enchère de l'entrepreneur.

Le marchandage est également interdit à l'entrepreneur conformément au décret du 2 mars 1848 et à l'arrêté du Gouvernement du 21 mars 1848.

TEXTE NOUVEAU

L'entrepreneur ne peut céder à des sous-traitants une ou plusieurs parties de son entreprise, sans le consentement de l'Administration.

Dans tous les cas, il demeure personnellement responsable, tant envers l'Administration qu'envers les ouvriers et les tiers.

Si un sous-traité est passé sans autorisation, l'Administration peut, suivant les cas, soit prononcer la résiliation pure et simple de l'entreprise, soit procéder à une nouvelle adjudication à la folle enchère de l'entrepreneur.

Le marchandage est également interdit à l'entrepreneur conformément *à la loi du 28 décembre 1910.*

Art. 10.

Ordres de service pour l'exécution des travaux

TEXTE ANCIEN

L'entrepreneur doit commencer les travaux dès qu'il en a reçu l'ordre de l'ingénieur.

TEXTE NOUVEAU

(Sans changement.)

EXPLICATIONS A L'APPUI DES CHANGEMENTS APPORTÉS

ART. 9.

Dans le dernier paragraphe, on a stipulé que le marchandage est interdit par la loi du 28 décembre 1910, qui a abrogé partiellement le décret du 2 mars 1848 et l'arrêté du Gouvernement du 21 mars 1848.

TEXTE ANCIEN	TEXTE NOUVEAU
Il reçoit gratuitement de l'ingénieur, au cours de l'entreprise, une expédition certifiée de chacun des dessins de détail et autres documents nécessaires à l'exécution des travaux.	
Il se conforme strictement aux plans, profils, tracés, ordres de service, et, s'il y a lieu, aux types et modèles qui lui sont donnés par l'ingénieur ou par ses préposés en exécution du devis.	
L'entrepreneur se conforme également aux changements qui lui sont prescrits pendant le cours du travail, mais seulement lorsque l'ingénieur les a ordonnés par écrit et sous sa responsabilité. Il ne lui est tenu compte de ces changements qu'autant qu'il justifie de l'ordre écrit de l'ingénieur.	
Lorsque l'entrepreneur estime que les prescriptions d'un ordre de service dépassent les obligations de son marché, il doit, sous peine de forclusion, en présenter l'observation écrite et motivée dans un délai de dix jours. La réclamation ne suspend pas l'exécution de l'ordre de service, à moins qu'il n'en soit autrement ordonné par l'ingénieur.	

ART. 11.

Règlement pour la police des chantiers.	Police des chantiers. — Durée du travail journalier.
L'entrepreneur est tenu d'observer tous les règlements qui sont faits par le préfet, sur la proposition de l'ingénieur en chef du service, pour la police des chantiers.	L'entrepreneur est tenu d'observer tous les règlements qui sont faits par le Préfet, sur la proposition de l'ingénieur en chef du service, pour la police des chantiers.
Les ouvriers et employés auront un jour de repos par semaine.	
La durée du travail journalier est limitée à la durée normale du travail en usage, pour chaque catégorie d'ouvriers, dans la ville ou la région.	La durée du travail journalier est limitée à la durée normale du travail en usage, pour chaque catégorie d'ouvriers, dans la ville ou la région *où le travail est exécuté.*
En cas de nécessité absolue, l'entrepreneur peut, avec l'autorisation expresse et spéciale de l'ingénieur en chef, déroger aux dispositions des deux paragraphes précédents. — Les heures supplémentaires de travail ainsi faites par les ouvriers donnent lieu à une majoration de salaire dont le taux est fixé par le cahier des charges.	En cas de nécessité absolue, *l'Ingénieur en chef peut autoriser ou prescrire des dérogations* aux dispositions du paragraphe précédent. — Les heures supplémentaires de travail ainsi faites par les ouvriers donnent lieu à une majoration de salaire dont le taux est fixé par le cahier des charges.

EXPLICATIONS A L'APPUI DES CHANGEMENTS APPORTÉS

ART. 11.

Le texte nouveau diffère du texte actuellement en vigueur sur les deux points suivants:

1° Le deuxième paragraphe portant que les ouvriers auront un jour de repos par semaine a été supprimé.

2° On a modifié la rédaction du dernier paragraphe.

L'entrepreneur devant se conformer aux lois en vigueur, on peut se dispenser de dire, comme le porte le paragraphe 2 (supprimé) que « les ouvriers et employés auront un jour de repos par semaine », clause qui avait été introduite à l'article 11, par application de l'article 1er du décret du 10 août 1899. Une disposition analogue a été prescrite par la loi du 13 juillet 1906 qui a établi le repos hebdomadaire et prévu les dérogations utiles; les garanties que donnent cette loi, quant au nombre de jours de repos obligatoires, sont suffisantes et il n'y a, dans les circonstances normales, rien à ajouter de ce chef aux prescriptions de la loi, dans les marchés de l'Etat.

Pour permettre à l'Ingénieur en chef de faire face aux éventualités qui peuvent se produire, dans le cas de nécessité, pour l'exécution des travaux, il convient de lui laisser la possibilité de donner l'ordre de déroger aux dispositions concernant la durée du travail. Il devra, bien entendu, se conformer à cet égard aux dispositions prescrites par la loi.

TEXTE ANCIEN — TEXTE NOUVEAU

Art. 12.

Présence de l'entrepreneur sur les lieux des travaux

Texte ancien

Pendant la durée de l'entreprise, l'adjudicataire ne peut s'éloigner du lieu des travaux qu'après avoir fait agréer par l'ingénieur un représentant capable de le remplacer, de manière qu'aucune opération ne puisse être retardée ou suspendue à raison de son absence.

L'entrepreneur accompagne les ingénieurs dans leurs tournées, toutes les fois qu'il en est requis.

Texte nouveau

Pendant la durée de l'entreprise, l'adju dicataire ne peut s'éloigner du lieu de travaux qu'après avoir fait agréer par l'in génieur un représentant capable de l remplacer, de manière qu'aucune opératio ne puisse être retardée ou suspendue raison de son absence.

L'entrepreneur *se rend dans les bureau* des ingénieurs et il les accompagne dan leurs tournées toutes les fois qu'il en es requis.

Art. 13.

Choix des commis, chefs d'atelier et ouvriers

Texte ancien

L'entrepreneur ne peut prendre pour commis et chefs d'atelier que des hommes capables de l'aider et de le remplacer au besoin dans la conduite et le métrage des travaux.

L'ingénieur a le droit d'exiger le changement ou le renvoi des agents et ouvriers de l'entrepreneur pour insubordination, incapacité ou défaut de probité.

L'entrepreneur demeure d'ailleurs responsable des fraudes ou malfaçons qui seraient commises par ses agents et ouvriers dans la fourniture et dans l'emploi des matériaux.

Texte nouveau

(Sans changement.)

Art. 14.

Texte ancien

Liste nominative des ouvriers.

Le nombre des ouvriers de chaque profession est toujours proportionné à la quantité d'ouvrage à faire. Pour mettre l'ingénieur à même d'assurer l'accomplissement de cette condition, il lui est remis périodiquement et aux époques par lui fixées une liste nominative des ouvriers.

Texte nouveau

Liste nominative des ouvriers. — Ouvriers étrangers.

Le nombre des ouvriers de chaque pro fession est toujours proportionné à l quantité d'ouvrage à faire.

Le nombre des ouvriers étrangers ne peu dépasser la proportion fixée par le cahier de charges.

Pour mettre l'ingénieur à même d'assure

EXPLICATIONS A L'APPUI DES CHANGEMENTS APPORTÉS

Art. 12.

On a ajouté aux prescriptions de cet article, l'obligation pour l'entrepreneur de se rendre dans les bureaux des Ingénieurs, quand il en est requis.

Art. 14.

La circulaire du 17 octobre 1900 prescrivait d'insérer aux devis que « le nombre des « ouvriers étrangers ne pourra pas dépasser la proportion de..... pour cent »; pour permettre à l'Ingénieur de vérifier si cette proportion est observée, il a paru utile de reproduire cette indication dans l'article 14.

TEXTE ANCIEN | **TEXTE NOUVEAU**

(Texte nouveau)

l'accomplissement de *ces conditions*, il lui est remis périodiquement et aux époques par lui fixées une liste nominative des ouvriers.

ART. 15

Payement des ouvriers

TEXTE ANCIEN

Le salaire normal des ouvriers est égal, pour chaque profession, et, dans chaque profession, pour chaque catégorie d'ouvriers, aux taux couramment appliqués dans la ville ou la région où le travail est exécuté.

Lorsque l'entrepreneur a à employer des ouvriers que leurs aptitudes physiques mettent dans une condition d'infériorité notoire sur les ouvriers de la même catégorie, il peut leur appliquer exceptionnellement un salaire inférieur au salaire normal.

La proportion maximum de ces ouvriers, par rapport au total des ouvriers de la catégorie, et le maximum de la réduction possible de leurs salaires sont fixés par le cahier des charges.

L'entrepreneur paye ses ouvriers tous les mois ou à des époques plus rapprochées si l'Administration le juge nécessaire.

En cas de retard régulièrement constaté, l'Administration, par application des lois des 26 pluviôse an II, et 25 juillet 1891, se réserve la faculté de faire payer d'office les salaires arriérés sur les sommes dues à l'entrepreneur.

Si l'Administration constate une différence entre le salaire payé aux ouvriers et le salaire courant, elle indemnise directement les ouvriers lésés au moyens de retenues opérées sur les sommes dues à l'entrepreneur.

TEXTE NOUVEAU

Le salaire normal des ouvriers est égal pour chaque profession, et, dans chaque profession, pour chaque catégorie d'ouvriers, au taux couramment appliqué dans la ville ou la région où le travail est exécuté.

Lorsque l'entrepreneur a à employer des ouvriers que leurs aptitudes physiques mettent dans une condition d'infériorité notoire sur les ouvriers de la même catégorie, il peut leur appliquer exceptionnellement un salaire inférieur au salaire normal.

La proportion maximum de ces ouvriers par rapport au total des ouvriers de la catégorie, et le maximum de la réduction possible de leurs salaires sont fixés par le cahier des charges.

Le bordereau du taux normal et courant des salaires et de la durée normale et courante de la journée de travail annexé au cahier des charges est affiché, par les soins et aux frais de l'entrepreneur, dans les chantiers où sont exécutés les travaux.

L'entrepreneur est tenu de donner communication à l'Administration, sur sa demande, de tous les documents nécessaires pour vérifier que le salaire payé à ses ouvriers n'a pas été inférieur au salaire normal et courant.

Si l'Administration constate une différence entre le salaire payé aux ouvriers et le salaire courant, elle indemnise directement les ouvriers lésés au moyen de retenues opérées sur les sommes dues à l'entrepreneur.

L'entrepreneur paye ses ouvriers *et ses employés en se conformant aux prescriptions des lois et règlements.*

En cas de retard régulièrement constaté l'Administration, par application des lois des 26 pluviôse an II et 25 juillet 1891 se réserve la faculté de faire payer d'office les salaires arriérés sur les sommes dues à l'entrepreneur.

EXPLICATIONS A L'APPUI DES CHANGEMENTS APPORTÉS

ART. 15.

Le quatrième paragraphe ajouté à l'article 15 a pour but de mettre à la charge de l'entrepreneur l'affichage du bordereau constatant le taux normal et courant des salaires, ainsi qu'il est prescrit par le décret du 10 août 1899 et la circulaire du 31 mai 1902.

Lorsque l'Ingénieur chargé de la direction des travaux est saisi d'une réclamation relative aux salaires, il en prévient l'entrepreneur, lui demande communication des documents qu'il juge nécessaires et procède ou fait procéder à toutes les vérifications utiles. Dans le cas où l'entrepreneur ne produirait pas les documents demandés par l'Ingénieur, le Préfet le mettrait en demeure.

La réclamation peut porter sur des faits que l'Ingénieur est en mesure de vérifier, par application, soit du présent cahier des clauses et conditions générales, soit du cahier des charges de l'entreprise, tels que : non-payement du salaire courant à un ouvrier de profession ou de spécialité professionnelle parfaitement définie, ayant travaillé le temps normal ou exécuté les pièces définies au bordereau des salaires; classement d'un ouvrier dans une catégorie professionnelle dont le salaire est inférieur à celui de la catégorie qui correspond au travail réellement effectué par cet ouvrier ; réduction du salaire d'un ouvrier d'aptitudes physiques restreintes au-dessous de la réduction maximum fixée par le cahier des charges ; proportion des ouvriers d'aptitudes physiques restreintes plus grande que celle qui est fixée au cahier des charges ; jeune ouvrier considéré comme un apprenti, au point de vue du salaire, alors que les obligations prescrites par la loi du 28 décembre 1910 sur le contrat d'apprentissage ne sont pas remplies, etc... Si, dans ces divers cas, et tous autres analogues, l'entrepreneur, pour un motif quelconque, ne peut ou ne veut pas payer lui-même à l'ouvrier ce qui lui est dû d'après le bordereau, l'Ingénieur fait payer l'ouvrier directement.

La réclamation peut, au contraire, porter sur des faits que l'ingénieur n'est pas en mesure de vérifier, tels que : nombre des heures de travail faites, malfaçons, détériorations ou détournements d'outillages ou de matériaux, etc... Dans ces divers cas, et tous autres analogues, l'Ingénieur renvoie les parties à se pourvoir devant qui de droit (Conseil de prud'hommes, juge de paix, etc.) afin de faire statuer sur le litige.

Etant donné l'obligation, inscrite dans le décret du 10 août 1899, de payer directement la différence *constatée* entre le salaire reçu par les ouvriers et le salaire courant, il est nécessaire que l'Administration ait la possibilité de procéder à cette constatation toutes les fois qu'à la suite d'indications provenant, soit de réclamations directes des ouvriers, soit de toute autre source, elle a de sérieuses raisons de croire que l'entrepreneur n'a pas satisfait à ses obligations. C'est pour ce motif que le paragraphe 5 a été ajouté. Mais cette disposition et celle du paragraphe suivant ne sauraient avoir pour résultat de faire l'Administration juge des différends qui peuvent naître entre les ouvriers et les entrepreneurs ; c'est un rôle qu'elle ne peut assumer, sans sortir de ses attributions.

Le quatrième paragraphe de l'article 15 actuel, devenu le septième du texte nouveau, a été modifié pour tenir compte des prescriptions de la loi du 28 décembre 1910, qui sont ainsi conçues, en ce qui concerne le payement des salaires des ouvriers et employés :

« Les salaires des ouvriers et employés doivent être payés en monnaie métallique ou « fiduciaire ayant cours légal, nonobstant toute stipulation contraire, à peine de nullité.

« Les salaires des ouvriers du commerce et de l'industrie doivent être payés au moins-

TEXTE ANCIEN	TEXTE NOUVEAU

ART. 16.

Soins, secours et indemnités aux ouvriers et employés

TEXTE ANCIEN	TEXTE NOUVEAU
L'entrepreneur a la charge entière : 1° de toutes les dépenses du service médical de l'entreprise ; 2° des soins, secours et indemnités dus aux ouvriers et employés victimes d'accidents survenus sur les chantiers ou atteints de maladies occasionnées par les travaux ; 3° des secours et indemnités dus aux veuves et aux familles de ces ouvriers et employés.	*L'entrepreneur a la charge entière de toutes les dépenses du service médical de l'entreprise, des soins, secours et indemnités dus aux ouvriers et employés victimes d'accidents survenus sur les chantiers, des secours et indemnités dus aux veuves et aux familles de ces ouvriers et employés.*
Il est soumis, à cet égard, à toutes les obligations qui résultent tant des lois, décrets et arrêtés ministériels en vigueur au moment de l'adjudication, que des lois ultérieurement promulguées et applicables à l'ensemble des chantiers publics et privés,	Il est soumis, à cet égard, à toutes les obligations *résultant*, tant des décrets et arrêtés ministériels en vigueur au moment de l'adjudication, *que des lois applicables à l'ensemble des chantiers publics et privés.*
Les frais de maladie et le demi-salaire seront dus, dans tous les cas, à partir du premier jour de l'interruption obligée du travail et alors même que cette interruption n'aurait duré qu'un jour.	Les frais *médicaux* et le demi-salaire *sont* dus, dans tous les cas, à partir du premier jour de l'interruption obligée du travail et alors même que cette interruption n'aurait duré qu'un jour.
ART. 17.	ART. 17.
Dépenses imputables sur la somme à valoir.	**Magasins, équipages et outils.**
S'il y a lieu de faire des épuisements ou autres travaux dont la dépense soit imputable sur la somme à valoir, l'entrepreneur doit, s'il en est requis, fournir, dans les limites prévues au devis, les outils et machines nécessaires pour l'exécution des travaux.	L'entrepreneur est tenu de fournir à ses frais les magasins et équipages, voitures, ustensiles et outils de toute espèce nécessaires à l'exécution des travaux, sauf les exceptions stipulées au devis.
Le loyer et l'entretien de ce matériel lui seront payés au prix de l'adjudication.	

EXPLICATIONS A L'APPUI DES CHANGEMENTS APPORTÉS

« deux fois par mois, à seize jours au plus d'intervalle ; ceux des employés doivent être « payés au moins une fois par mois.

« Pour tout travail aux pièces dont l'exécution doit durer plus d'une quinzaine, les « dates de payement peuvent être fixées de gré à gré ; mais l'ouvrier doit recevoir des « acomptes chaque quinzaine et être intégralement payé dans la quinzaine qui suit la « livraison de l'ouvrage.

« Le payement ne peut être effectué un jour où l'ouvrier ou l'employé a droit au repos, soit en vertu de la loi, soit en vertu de la convention. Il ne peut avoir lieu dans les débits de boissons ou magasins de vente, sauf pour les personnes qui y sont occupées. »

....

Les sommes mises à la charge de l'entrepreneur et que celui-ci se refuse à payer sont soldées à l'ouvrier par les soins de l'Administration. Les sommes ainsi avancées sont retenues par voie de précompte sur les plus prochains mandats de l'entrepreneur.

Art. 16.

La Commission interministérielle des marchés de travaux publics a estimé qu'il y avait lieu de se conformer à la loi du 9 avril 1898 pour ce qui concerne les soins, secours et indemnités incombant à l'entrepreneur. Le premier paragraphe du texte en vigueur a, par suite, été modifié en retranchant les mots : « ou atteints de maladies occasionnées « par les travaux ». Cette suppression ne fait cependant pas obstacle à ce que, dans le cas où les soins médicaux ne se trouveraient pas à portée des ouvriers, les cahiers des charges ne stipulent sur quels chantiers des ambulances devraient être établies aux frais des entrepreneurs.

La Commission interministérielle a été d'avis, en outre, de modifier la forme du deuxième paragraphe de l'article, de manière à bien stipuler que, si l'entrepreneur n'est soumis qu'aux obligations résultant *des décrets* et *arrêtés ministériels* en vigueur au moment de l'adjudication, il est tenu de se conformer *aux lois* applicables aux chantiers publics et privés alors même qu'elles seraient postérieures à la passation du marché.

Art. 17 (ancien)

Cet article est purement et simplement supprimé. Si les prix de location du matériel indiqués au bordereau des prix ne correspond pas à une dépense portée au détail estimatif, le payement de la location au prix de l'adjudication constitue une dérogation à l'article 32, dont les conséquences peuvent être graves ; si, au contraire, une certaine dépense pour location de matériel est portée au détail estimatif, rien ne distingue cette location d'une fourniture quelconque faisant partie de l'entreprise, il n'y a aucune raison de l'imputer sur la somme à valoir.

TEXTE ANCIEN	TEXTE NOUVEAU
ART. 18.	ART. 18.
Outils, équipages et faux frais de l'entreprise.	**Établissement des chantiers et faux frais de l'entreprise.**
L'entrepreneur est tenu de fournir à ses frais les magasins et équipages, voitures, ustensiles et outils de toute espèce, nécessaires à l'exécution des travaux, sauf les exceptions stipulées au devis. Sont également à sa charge l'établissement des chantiers et chemins de service et les indemnités y relatives, les frais de tracé des ouvrages, les cordeaux, piquets et jalons, les frais d'éclairage des chantiers, s'il y a lieu et généralement toutes les menues dépenses et tous les faux frais relatifs à l'entreprise.	L'entrepreneur a également à sa charge l'établissement des chantiers et chemins de service et les indemnités y relatives, les frais de tracé *et de mesurage* des ouvrages, les cordeaux, piquets et jalons, les frais d'éclairage des chantiers, s'il y a lieu, et généralement toutes les menues dépenses et tous les faux frais relatifs à l'entreprise.

ART. 19

Carrières désignées au devis

TEXTE ANCIEN	TEXTE NOUVEAU
Les matériaux sont pris dans les lieux indiqués au devis.	Les matériaux sont pris dans les lieux indiqués au devis.
L'entrepreneur y ouvre, au besoin, des carrières à ses frais.	L'entrepreneur y ouvre au besoin des carrières à ses frais.
Il est tenu, avant de commencer les extractions, de prévenir les propriétaires, suivant les formes déterminées par les règlements.	Il est tenu *de se conformer aux lois et règlements pour tout ce qui concerne les extractions de matériaux.*
Il paye, sans recours contre l'Administration et en se conformant aux lois et règlements sur la matière, tous les dommages qu'ont pu occasionner la prise ou l'extraction, le transport et le dépôt des matériaux.	Il paye, sans recours contre l'Administration, les dommages qu'ont pu occasionner la prise ou l'extraction, le transport et le dépôt des matériaux.
Dans le cas où le devis prescrit d'extraire des matériaux dans des bois soumis au régime forestier, l'entrepreneur doit se conformer, en outre, aux prescriptions de l'article 145 du Code forestier, ainsi que des articles 172, 173 et 175 de l'ordonnance du 1er août 1827 concernant l'exécution de ce code.	
L'entrepreneur doit justifier toutes les fois qu'il en est requis, de l'accomplissement des obligations énoncées dans le présent article, ainsi que du paiement des indemnités pour l'établissement des chantiers et chemins de service.	L'entrepreneur doit justifier, toutes les fois qu'il en est requis, de l'accomplissement des obligations énoncées dans le présent article, ainsi que du payement des indemnités pour l'établissement des chantiers et chemins de service.

EXPLICATIONS A L'APPUI DES CHANGEMENTS APPORTÉS

Art. 17 et 18.

L'article 18 actuel a été divisé en deux portant les numéros 17 et 18, afin d'éviter les changements de numérotage résultant de la suppression de l'article précédent.

On a, en outre, mis les frais de mesurage des ouvrages à la charge de l'entrepreneur.

Art. 19.

La rédaction du troisième paragraphe de cet article a été complétée pour tenir compte de l'existence de la loi du 29 décembre 1892. Cette loi a été commentée par une circulaire du Ministre de l'Intérieur en date du 15 mars 1893.

Les troisième, quatrième et cinquième paragraphes ont été remaniés pour les raisons suivantes.

L'article 172 de l'ordonnance du 1er août 1827 est maintenant abrogé par les lois du 22 juillet 1889 et du 29 décembre 1892; on ne peut donc continuer à s'y référer. Quant à l'article 145 du Code forestier et aux articles 173 et 175 de l'ordonnance de 1827, il ne paraît pas nécessaire d'en faire l'objet d'une mention spéciale et de leur attribuer ainsi en apparence une importance supérieure à celle de tant d'autres dispositions législatives et réglementaires auxquelles l'entrepreneur est tenu de se conformer sans qu'on ait cru devoir les viser expressément dans les clauses et conditions générales. Il va d'ailleurs sans dire que la suppression des références au Code forestier et à l'ordonnance de 1827 ne saurait avoir pour effet de dispenser les Ingénieurs et les entrepreneurs de se conformer à celles des dispositions de ces textes qui sont toujours en vigueur, notamment aux articles 170 et 171 de l'ordonnance de 1827. A ce sujet, il paraît utile de rappeler qu'aucune extraction de matériaux ne peut être faite dans les bois régis par l'Administration forestière qu'après entente avec les agents forestiers.

TEXTE ANCIEN	TEXTE NOUVEAU

ART. 20.

Carrières proposées par l'entrepreneur

TEXTE ANCIEN	TEXTE NOUVEAU
Si l'entrepreneur demande à substituer aux carrières indiquées dans le devis d'autres carrières fournissant des matériaux d'une qualité que les ingénieurs reconnaissent au moins égale, il reçoit l'autorisation d'employer ces matériaux, et ne subit sur les prix de l'adjudication aucune réduction pour cause de diminution des frais d'extraction, de transport et de taille des matériaux. A défaut d'accord avec les propriétaires des nouvelles carrières, il peut aussi obtenir l'autorisation de les exploiter.	(Sans changement.)

ART. 21.

Emploi des matériaux extraits des carrières désignées

TEXTE ANCIEN	TEXTE NOUVEAU
L'entrepreneur ne peut livrer au commerce, sans l'autorisation du propriétaire, les matériaux qu'il a fait extraire dans les carrières exploitées par lui, en vertu du droit qui lui a été conféré par l'Administration.	L'entrepreneur ne peut, sans l'autorisation *écrite* du propriétaire, *employer soit à l'exécution de travaux privés, soit à l'exécution de travaux publics autres que ceux en vue desquels l'autorisation a été accordée* les matériaux qu'il a fait extraire dans les carrières exploitées par lui, en vertu du droit qui lui a été conféré par l'Administration.

ART. 22.

Qualité des matériaux

TEXTE ANCIEN	TEXTE NOUVEAU
Les matériaux doivent être de la meilleure qualité dans chaque espèce, être parfaitement travaillés et mis en œuvre conformément aux règles de l'art; ils ne peuvent être employés qu'après avoir été vérifiés et provisoirement acceptés par l'ingénieur ou par ses préposés. Nonobstant cette acceptation et jusqu'à la réception définitive des travaux, ils peuvent, en cas de surprise, de mauvaise qualité ou de malfaçon, être rebutés par l'ingénieur, et ils sont alors remplacés par l'entrepreneur.	(Sans changement.)

EXPLICATIONS A L'APPUI DES CHANGEMENTS APPORTÉS

ART. 21.

On a mis l'article en harmonie avec l'article 16 de la loi du 29 décembre 1892.

TEXTE ANCIEN	TEXTE NOUVEAU

ART. 23.

Dimensions et dispositions des matériaux et des ouvrages

L'entrepreneur ne peut, de lui-même, apporter aucun changement au projet. Il est tenu de faire immédiatement, sur l'ordre écrit des ingénieurs, remplacer les matériaux ou reconstruire les ouvrages dont les dimensions ou les dispositions ne sont pas conformes au devis ou aux ordres de service. Toutefois, si les ingénieurs reconnaissent que les changements faits par l'entrepreneur ne sont contraires ni aux règles de l'art, ni au goût, les nouvelles dispositions peuvent être maintenues, mais alors l'entrepreneur n'a droit à aucune augmentation de prix, à raison des dimensions plus fortes ou de la valeur plus considérable que peuvent avoir les matériaux ou les ouvrages. Dans ce cas, les métrages sont basés sur les dimensions prescrites par le devis ou par les ordres de service. Si, au contraire, les dimensions sont plus faibles ou la valeur des matériaux moindre, les prix sont réduits en conséquence.	(Sans changement.)

ART. 24.

Démolition d'anciens ouvrages

Lorsque l'exécution des travaux comporte la démolition d'anciens ouvrages, les matériaux doivent être déplacés avec soin pour qu'ils puissent être façonnés de nouveau et réemployés s'il y a lieu.	(Sans changement.)

ART. 25.

Objets trouvés dans les fouilles

L'Administration se réserve la propriété des matériaux qui se trouvent dans les fouilles et démolitions faites dans les terrains appartenant à l'Etat, sauf à indemniser l'entrepreneur de ses soins particuliers. Elle se réserve également les objets d'art et de toute nature qui pourraient s'y trouver, sauf indemnité à qui de droit.	(Sans changement.)

EXPLICATIONS A L'APPUI DES CHANGEMENTS APPORTÉS

Art. 25.

Aucune modification n'est apportée au texte actuel. Mais l'attention des ingénieurs est appelée tout particulièrement sur les prescriptions de la circulaire du 1er mai 1908 relative aux découvertes faites dans les fouilles.

TEXTE ANCIEN	TEXTE NOUVEAU

ART. 26.

Emploi de matières neuves ou de démolition appartenant à l'État

TEXTE ANCIEN	TEXTE NOUVEAU
Lorsque, en dehors des prévisions du marché, les ingénieurs jugent à propos d'employer des matières neuves ou de démolition appartenant à l'Etat, l'entrepreneur n'est payé que des frais de main-d'œuvre et d'emploi, réglés conformément aux indications de l'article 29 ci-après.	(Sans changement.)

ART. 27.

Vices de construction

TEXTE ANCIEN	TEXTE NOUVEAU
Lorsque les ingénieurs présument qu'il existe dans les ouvrages des vices de construction, ils ordonnent, soit en cours d'exécution, soit avant la réception définitive, la démolition et la reconstruction des ouvrages présumés vicieux. Les dépenses résultant de cette opération sont à la charge de l'entrepreneur lorsque les vices de construction sont constatés et reconnus.	Lorsque les ingénieurs présument qu'il existe dans les ouvrages des vices de construction, ils ordonnent, soit en cours d'exécution, soit avant la réception définitive, la démolition et la reconstruction des ouvrages présumés vicieux. Les dépenses résultant de cette opération *qui a lieu en présence de l'entrepreneur ou lui dûment convoqué,* sont à sa charge lorsque les vices de construction sont constatés et reconnus.

ART. 28.

Pertes et avaries; cas de force majeure

TEXTE ANCIEN	TEXTE NOUVEAU
Il n'est alloué à l'entrepreneur aucune indemnité à raison des pertes, avaries ou dommages occasionnés par négligence, imprévoyance, défaut de moyens ou fausses manœuvres. Ne sont pas compris toutefois dans la disposition précédente les cas de force majeure qui, dans le délai de dix jours au plus après l'événement, ont été signalés par l'entrepreneur; dans ce cas, néanmoins, il ne peut rien être alloué qu'avec l'approbation de l'Administration. Passé le délai de dix jours, l'entrepreneur n'est plus admis à réclamer.	Il n'est alloué à l'entrepreneur aucune indemnité à raison des pertes, avaries ou dommages occasionnés par négligence, imprévoyance, défaut de moyens ou fausses manœuvres. Ne sont pas compris, toutefois, dans la disposition précédente les cas de force majeure qui, dans le délai de dix jours au plus après l'événement, ont été signalés *par écrit* par l'entrepreneur; dans ce cas, néanmoins, il ne peut rien être alloué qu'avec l'approbation de l'Administration. Passé le délai de dix jours, l'entrepreneur n'est plus admis à réclamer.

EXPLICATIONS A L'APPUI DES CHANGEMENTS APPORTÉS

Art. 27.

L'addition des mots « qui a lieu en présence de l'entrepreneur ou lui dûment convoqué » est trop conforme aux usages de l'Administration pour qu'il soit besoin de l'expliquer. Dans tous les cas, l'entrepreneur devra être invité par un ordre de service à assister à l'opération visée au deuxième paragraphe de l'article 27.

Art. 28.

Au deuxième paragraphe de cet article, on a stipulé que les cas de force majeure susceptibles d'ouvrir droit à indemnité devront être signalés par écrit.

On s'est demandé si, dans certaines circonstances et, notamment, au point de vue de la prolongation des délais d'exécution prévus aux marchés, les grèves pouvaient être admises comme cas de force majeure; aucune précision ne peut être donnée à cet égard. Quelle que soit leur origine, les grèves doivent être suivies de très près par les Ingénieurs, qui ont à rendre compte au Ministre de tous les incidents qui se produisent, en se préoccupant surtout de rechercher si l'interruption du travail a eu pour origine une faute de l'entrepreneur, si elle pouvait être évitée ou arrêtée par lui, et si elle a constitué pour lui un obstacle insurmontable à l'accomplissement de ses obligations.

Il est d'ailleurs bien entendu que les grèves partielles ou totales, lorsqu'elles auront le caractère de force majeure, donneront lieu, si l'entrepreneur en fait la demande dans le délai stipulé de dix jours, au plus, après le commencement de la grève, à une augmentation du délai d'exécution égale à la durée du retard résultant de cette grève pour l'achèvement de l'ensemble des travaux.

TEXTE ANCIEN	TEXTE NOUVEAU

ART. 29.

Règlement du prix des ouvrages non prévus

TEXTE ANCIEN	TEXTE NOUVEAU
Lorsqu'il est jugé nécessaire d'exécuter des ouvrages non prévus ou de modifier la provenance des matériaux telle qu'elle est indiquée par le devis, l'entrepreneur se conforme immédiatement aux ordres écrits qu'il reçoit à ce sujet, et il est préparé sans retard de nouveaux prix, d'après ceux du marché ou par assimilation aux ouvrages les plus analogues. Dans le cas d'une impossibilité absolue d'assimilation, on prend pour termes de comparaison les prix courants du pays.	Lorsqu'il est jugé nécessaire d'exécuter des ouvrages non prévus ou de modifier la provenance des matériaux telle qu'elle est indiquée par le devis, l'entrepreneur se conforme immédiatement aux ordres écrits qu'il reçoit à ce sujet, et il est préparé sans retard de nouveaux prix, d'après ceux du marché ou par assimilation aux ouvrages les plus analogues. Dans le cas d'une impossibilité absolue d'assimilation, on prend pour termes de comparaison les prix courants du pays.
Les nouveaux prix, calculés de manière à être passibles du rabais de l'adjudication, après avoir été débattus par les ingénieurs avec l'entrepreneur, sont soumis à l'approbation de l'Administration.	Les nouveaux prix, calculés de manière à être passibles du rabais de l'adjudication, après avoir été débattus par les ingénieurs avec l'entrepreneur, sont soumis à l'approbation de l'Administration.
Si l'entrepreneur n'accepte pas les décisions de l'Administration, il est statué par le Conseil de Préfecture.	*A défaut d'entente amiable*, il est statué par le Conseil de Préfecture.
En attendant la solution du litige, l'entrepreneur est payé, provisoirement, aux prix préparés par les ingénieurs.	En attendant la solution du litige, l'entrepreneur est payé provisoirement aux prix préparés par les ingénieurs.

ART. 30.

Augmentation dans la masse des travaux

TEXTE ANCIEN	TEXTE NOUVEAU
En cas d'augmentation dans la masse des travaux, l'entrepreneur ne peut élever aucune réclamation tant que l'augmentation n'excède pas le sixième du montant de l'entreprise. Si l'augmentation est de plus du sixième, il a droit à la résiliation immédiate de son marché sans indemnité, à la condition toutefois de l'avoir demandée par lettre adressée au Préfet dans le délai de deux mois à partir de la notification de l'ordre de service dont l'exécution entraînerait l'augmentation de plus du sixième. Le tout, sauf l'application, s'il y a lieu, de l'article 32 ci-après.	(Sans changement.)

EXPLICATIONS A L'APPUI DES CHANGEMENTS APPORTÉS

ART. 29.

On a remplacé, à l'avant-dernier paragraphe, les mots : « si l'entrepreneur n'accepte pas les décisions de l'Administration » par « à défaut d'entente amiable » ; on doit prévoir, en effet, qu'avant de s'adresser au Conseil de préfecture, l'entrepreneur se prêtera à une tentative de conciliation.

TEXTE ANCIEN	TEXTE NOUVEAU

ART. 31.

Diminution dans la masse des travaux

TEXTE ANCIEN	TEXTE NOUVEAU
En cas de diminution de la masse des travaux, l'entrepreneur ne peut élever aucune réclamation, tant que la diminution n'excède pas le sixième du montant de l'entreprise, sauf l'application de l'article 32. Si la diminution est de plus du sixième, il reçoit, s'il y a lieu, à titre de dédommagement, une indemnité qui, en cas de contestation, est fixée par le Conseil de préfecture, sans préjudice du droit à la résiliation immédiate, qui doit être demandée dans la même forme et dans le même délai que ci-dessus.	En cas de diminution dans la masse des travaux, l'entrepreneur ne peut élever aucune réclamation, tant que la diminution n'excède pas le sixième du montant de l'entreprise, sauf l'application de l'article 32. Si la diminution est de plus du sixième, il reçoit, s'il y a lieu, à titre de dédommagement, une indemnité qui, *à défaut d'entente amiable*, est fixée par le Conseil de Préfecture, sans préjudice du droit à la résiliation immédiate, qui doit être demandée dans la même forme et le même délai que ci-dessus.

ART. 32.

Changement dans l'importance des diverses natures d'ouvrages

TEXTE ANCIEN	TEXTE NOUVEAU
Lorsque les changements ordonnés ont pour résultat de modifier l'importance de certaines natures d'ouvrages, de telle sorte que les quantités prescrites diffèrent de plus d'un quart, en plus ou en moins des quantités portées au détail estimatif, l'entrepreneur peut présenter, en fin de compte, une demande en indemnité basée sur le préjudice que lui auraient causé les modifications apportées à cet égard dans les prévisions du projet.	Lorsque les changements ordonnés *par l'Administration, ou résultant de circonstances qui ne sont ni de la faute, ni du fait de l'entrepreneur*, modifient l'importance de certaines natures d'ouvrages, de telle sorte que *les quantités* diffèrent de plus d'un quart en plus ou en moins des quantités portées au détail estimatif, l'entrepreneur peut présenter, en fin de compte, une demande en indemnité basée sur le préjudice que lui ont causé les modifications *survenues* à cet égard dans les prévisions du projet.

ART. 33.

Variations dans les prix

TEXTE ANCIEN	TEXTE NOUVEAU
Si, pendant le cours de l'entreprise, les prix subissent une augmentation telle que la dépense totale des ouvrages restant à exécuter d'après le devis se trouve augmentée d'un sixième comparativement aux estimations du projet, l'entrepreneur a droit à la résiliation de son marché, sans indemnité.	*Si, pendant le cours de l'entreprise, les prix subissent, à la suite de revisions opérées conformément aux prescriptions de l'article 3 du décret du 10 août 1899 ou pour toute autre cause, une augmentation telle que la dépense totale des ouvrages restant à exécuter d'après le devis se trouve augmentée, comparativement aux estimations du projet, d'une fraction inférieure ou égale à un dixième (1/10e), l'entrepreneur n'a droit à aucune indemnité.*

EXPLICATIONS A L'APPUI DES CHANGEMENTS APPORTÉS

Art. 31.

On a remplacé les mots « en cas de contestation » par « à défaut d'entente amiable », comme à l'article 29.

Art. 32.

L'addition des mots « par l'Administration » s'explique d'elle-même.

L'addition du membre de phrase « ou résultant de circonstances qui ne sont, ni de la faute, ni du fait de l'entrepreneur », et la suppression du mot « prescrites » ont pour résultat de mettre les dispositions de cet article en harmonie avec les règles suivies dans la pratique.

Art. 33.

La circulaire du 17 octobre 1900 prescrivait l'insertion dans tous les cahiers des charges d'une clause ainsi conçue :

« S'il est procédé, au cours d'une entreprise, dans les conditions déterminées par « l'article 3 du décret du 10 août 1899, à la revision des prix du bordereau du taux des « salaires et de la durée de la journée de travail joint au présent cahier des charges, et si « les variations constatées dépassent la proportion de (généralement 33 pour cent), une « revision correspondante des prix du marché pourra être réclamée par l'entrepreneur « ou effectuée d'office par l'Administration. »

Il a paru nécessaire de résoudre cette question dans les clauses et conditions générales applicables à tous les marchés, en ne faisant aucune différence entre les variations

TEXTE ANCIEN	TEXTE NOUVEAU
	Si l'augmentation est comprise entre u dixième et un sixième (1/10e et 1/6e), con parativement aux estimations du projet, l moitié de l'excédent au-dessus de un dixièm (1/10e), est prise en charge par l'Adminis tration et les prix du marché pour les tra vaux restant à exécuter sont revisés en con séquence, dans les conditions fixées par l'ar ticle 29 des clauses et conditions générale *Si l'augmentation atteint ou dépasse u sixième (1/6e), comparativement aux esti mations du projet, l'entrepreneur a droit la résiliation de son marché, sous réserve d l'indemnité qui lui est allouée, en compen sation de ses dépenses non entièremen amorties afférentes :* *1° Aux ouvrages provisoires dont les dis positions ont été agréées par les Ingénieurs* *2° A l'acquisition du matériel constru spécialement pour l'exécution des travaux d l'entreprise et non susceptible d'être réem ployé d'une manière courante sur les chan tiers de travaux publics.* *Pour le calcul de l'indemnité, les dépense non entièrement amorties sont évaluées a prorata de l'avancement des travaux en vu desquels l'entrepreneur aura exécuté les ou vrages provisoires et acquis le matériel.* *Les ouvrages provisoires et le matérie entrant en ligne de compte pour la fixatio de l'indemnité deviennent la propriété d l'État.*

Art. 34.

Cessation absolue ou ajournement des travaux

Lorsque l'Administration ordonne la cessation absolue des travaux, l'entreprise est immédiatement résiliée. Lorsqu'elle prescrit leur ajournement pour plus d'une année, soit avant, soit après un commencement d'exécution, l'entrepreneur a droit à la résiliation de son marché, s'il la demande, sans préjudice de l'indemnité qui, dans un cas comme dans l'autre, peut lui être allouée s'il y a lieu. Si les travaux ont reçu un commencement d'exécution, l'entrepreneur peut re-	(Sans changement.)

EXPLICATIONS A L'APPUI DES CHANGEMENTS APPORTÉS

de prix, que celles-ci proviennent de la variation des salaires ou du prix des matériaux.

Le nouveau texte vise donc, comme le texte actuel, toutes les variations constatées, au cours de l'entreprise, dans le prix de la main-d'œuvre et la valeur des matériaux prévus au devis.

En dehors de changements dans la forme de l'article, on a simplement stipulé que :

Si l'augmentation constatée est comprise entre 1/10e et 1/6e, la moitié de l'excédent au-dessus du 10e fera l'objet de plus-values, à la charge de l'Administration, déterminées dans les conditions prévues par l'article 29 des clauses et conditions générales.

Le droit à résiliation est maintenu pour le cas où l'augmentation atteint 1/6e.

L'augmentation et les plus-values doivent, d'ailleurs, être établies de la manière suivante :

Lorsque l'entrepreneur en fait la demande, on évalue la dépense totale des ouvrages restant à exécuter d'après le devis, c'est-à-dire d'après le projet d'adjudication, sans tenir compte du rabais fait par l'entrepreneur ; on majore cette dépense totale de 1/10e. Puis, on compare la somme ainsi calculée à la dépense à laquelle reviendrait l'ensemble des travaux restant à exécuter, en leur appliquant de nouveaux prix obtenus par la substitution aux prévisions du projet, des prix de fourniture et de façon réellement pratiqués au moment où l'entrepreneur demande l'application de l'article 33. Si cette dernière dépense est supérieure à la première, la moitié de la différence, déduction faite du rabais de l'adjudication, est payée à l'entrepreneur sous forme de plus-values.

Si l'augmentation, calculée dans les mêmes conditions, atteint ou dépasse 1/6e du montant des travaux restant à exécuter, d'après les prévisions et les prix du projet, l'entrepreneur a droit à la résiliation de son marché et à une indemnité correspondant exactement à ses dépenses, non encore amorties, pour les ouvrages provisoires et le matériel, dans les conditions prévues à l'article 33.

L'agrément des Ingénieurs en ce qui a trait aux ouvrages provisoires pourra être donné, soit au début, soit au cours de l'entreprise.

Les ouvrages provisoires et le matériel ci-dessus deviennent la propriété de l'Etat, à moins que, dans certains cas exceptionnels où les travaux doivent exiger des installations très importantes, les cahiers des charges ne stipulent, par dérogation au dernier paragraphe de l'article 33, des dispositions particulières explicitement approuvées par le Ministre.

Il importe, du reste, d'observer que le paragraphe 3 de l'article 33 signifie simplement que l'Administration ne peut pas refuser la résiliation, si l'entrepreneur la demande ; il ne ferme évidemment pas la porte aux arrangements qu'il peut être utile, dans l'intérêt de tous, de prendre avec l'entrepreneur pour la continuation du travail.

TEXTE ANCIEN	TEXTE NOUVEAU
quérir qu'il soit procédé immédiatement à la réception provisoire des ouvrages exécutés, puis à leur réception définitive après l'expiration du délai de garantie.	

ART. 35.

Mesures coercitives

TEXTE ANCIEN	TEXTE NOUVEAU
Lorsque l'entrepreneur ne se conforme pas, soit aux dispositions du devis, soit aux ordres de service écrits qui lui sont donnés par les ingénieurs, un arrêté du préfet le met en demeure d'y satisfaire dans un délai déterminé. Ce délai, sauf le cas d'urgence, n'est pas de moins de dix jours, à dater de la notification de l'arrêté de mise en demeure.	Lorsque l'entrepreneur ne se conforme pas, soit aux dispositions du devis, soit aux ordres de service écrits qui lui sont donnés par les ingénieurs, un arrêté du préfet le met en demeure d'y satisfaire dans un délai déterminé. Ce délai, sauf le cas d'urgence, n'est pas de moins de dix jours, à dater de la notification de l'arrêté de mise en demeure.
Passé ce délai, si l'entrepreneur n'a pas exécuté les dispositions prescrites, le préfet, par un second arrêté, ordonne l'établissement d'une régie aux frais de l'entrepreneur. Dans ce cas, il est procédé immédiatement en sa présence ou lui dûment appelé, à l'inventaire descriptif du matériel de l'entreprise.	Passé ce délai, si l'entrepreneur n'a pas exécuté les dispositions prescrites, le préfet, *après en avoir référé au Ministre lorsque le montant des travaux restant à exécuter dépasse 50.000 francs, et sauf les cas d'urgence, ordonne l'établissement d'une régie aux frais de l'entrepreneur. Il est alors procédé immédiatement en sa présence ou lui dûment appelé à l'inventaire descriptif du matériel de l'entreprise et à la remise de la partie de ce matériel qui n'est pas utilisé par l'Administration pour l'achèvement des travaux.*
Il en est aussitôt rendu compte au Ministre, qui peut, selon les circonstances, soit ordonner une nouvelle adjudication à la folle enchère de l'entrepreneur, soit prononcer la résiliation pure et simple du marché, soit prescrire la continuation de la régie.	Dans tous les cas, il est rendu compte *des opérations* au Ministre, qui peut, selon les circonstances, soit ordonner une nouvelle adjudication à la folle enchère de l'entrepreneur, soit prononcer la résiliation pure et simple du marché, soit prescrire la continuation de la régie.
Pendant la durée de la régie, l'entrepreneur est autorisé à en suivre les opérations, sans qu'il puisse toutefois entraver l'exécution des ordres des ingénieurs.	Pendant la durée de la régie, l'entrepreneur est autorisé à en suivre les opérations, sans qu'il puisse toutefois entraver l'exécution des ordres des ingénieurs.
Il peut, d'ailleurs, être relevé de la régie s'il justifie des moyens nécessaires pour reprendre les travaux et les mener à bonne fin.	Il peut d'ailleurs être relevé de la régie s'il justifie des moyens nécessaires pour reprendre les travaux et les mener à bonne fin.
Les excédents de dépenses qui résultent de la régie ou de l'adjudication sur folle enchère sont prélevés sur les sommes qui peuvent être dues à l'entrepreneur, sans préjudice des droits à exercer contre lui en cas d'insuffisance.	Les excédents de dépenses qui résultent de la régie ou de l'adjudication sur folle enchère sont prélevés sur les sommes qui peuvent être dues à l'entrepreneur, sans préjudice des droits à exercer contre lui en cas d'insuffisance.
Si la régie ou l'adjudication sur folle enchère amène au contraire une diminu-	Si la régie ou l'adjudication sur folle enchère amène au contraire une diminu-

EXPLICATIONS A L'APPUI DES CHANGEMENTS APPORTÉS

ART. 35.

Une addition importante a été faite au deuxième paragraphe de cet article.

La mise en régie est une mesure grave qui peut entraîner des difficultés de toutes natures et qui ne doit être ordonnée qu'après une instruction approfondie. Sauf le cas d'urgence, et lorsqu'il s'agit d'entreprises pour lesquelles il reste encore des travaux importants à exécuter, il est utile que les faits qui déterminent les services locaux à proposer au préfet la mise en régie soient examinés par des fonctionnaires n'ayant pas eu à intervenir dans les discussions qui précèdent généralement l'application des mesures de rigueur. Dans ce but, le préfet, avant de prendre l'arrêté de mise en régie proposé par le chef de service, devra en référer au Ministre. Saisi du dossier, le Ministre, avant de se prononcer, pourra demander l'avis de l'inspecteur général et même du Conseil général des ponts et chaussées ; l'Etat et l'entrepreneur auront ainsi toutes garanties, le cas échéant, quant à la légitimité de la mesure prise pour assurer l'exécution des travaux.

Il doit d'ailleurs être entendu que, une fois la mise en régie ordonnée, l'inventaire du matériel sera dressé sous la forme d'un état descriptif s'appliquant à l'ensemble de l'entreprise, et qu'un ordre de service sera notifié à l'entrepreneur pour lui faire remise de la partie de ce matériel reconnue inutilisable.

TEXTE ANCIEN	TEXTE NOUVEAU
tion dans les dépenses, l'entrepreneur ne peut réclamer aucune part de ce bénéfice, qui reste acquis à l'Administration. *Lorsque les infractions réitérées aux conditions du travail auront été relevées à la charge de l'entrepreneur, le Ministre pourra, sans préjudice de l'application des autres sanctions, décider, par voie de mesure générale, de l'exclure, pour un temps déterminé ou définitivement, des marchés de son département.*	tion dans les dépenses, l'entrepreneur ne peut réclamer aucune part de ce bénéfice, qui reste acquis à l'Administration. Lorsque des infractions réitérées aux conditions du travail auront été relevées à la charge de l'entrepreneur, le Ministre pourra, sans préjudice de l'application des autres sanctions, décider, par voie de mesure générale, de l'exclure, pour un temps déterminé ou définitivement, des marchés de son département.

ART. 36.

Décès de l'entrepreneur

En cas de décès de l'entrepreneur, le contrat est résilié de droit, sauf à l'Administration à accepter, s'il y a lieu, les offres qui peuvent être faites par les héritiers pour la continuation des travaux.	(Sans changement.)

ART. 37.

Liquidation judiciaire ou faillite de l'entrepreneur	**Faillite ou liquidation judiciaire de l'entrepreneur.**
En cas de liquidation judiciaire ou de faillite de l'entrepreneur, le contrat est également résilié de plein droit, sauf à l'Administration à accepter, s'il y a lieu, les offres qui peuvent être faites, pour la continuation de l'entreprise, par l'entrepreneur dans le premier cas, et par ses créanciers dans le second.	*Le contrat est également résilié de plein droit :* 1° En cas de faillite de l'entrepreneur, sauf à l'Administration à accepter, s'il y a lieu, les offres qui peuvent être faites par les créanciers pour la continuation de l'entreprise. 2° En cas de liquidation judiciaire, *si l'entrepreneur n'est pas autorisé par le tribunal à continuer l'exploitation de son industrie.*

TITRE III

RÈGLEMENT DES DÉPENSES

ART. 38.

Bases du règlement des comptes

A défaut de stipulations spéciales dans le devis, les comptes sont établis d'après les quantités d'ouvrages réellement effectuées,	(Sans changement.)

EXPLICATIONS A L'APPUI DES CHANGEMENTS APPORTÉS

Art. 37.

Le nouveau texte supprime la résiliation de plein droit dans le cas de liquidation judiciaire de l'entrepreneur, il stipule simplement que l'entreprise sera résiliée au cas où l'entrepreneur ne serait pas autorisé à continuer l'exploitation de son industrie (article 6 de la loi du 4 mars 1889). On doit reconnaître que la liquidation judiciaire diffère essentiellement de la faillite sur deux points : elle n'entraîne qu'un dessaisissement partiel du débiteur et elle ne fait pas encourir au liquidé les mêmes incapacités qu'au failli. Il n'y a donc pas lieu de traiter les deux cas de la même manière.

Si l'exécution des travaux se trouve entravée d'une manière fâcheuse, par suite de l'intervention obligée des liquidateurs, l'Administration pourra user des moyens coercitifs dont elle dispose, et prononcer au besoin la mise en régie de l'entreprise.

TEXTE ANCIEN

suivant les dimensions et les poids constatés par des métrés définitifs et des pesages faits en cours ou en fin d'exécution, sauf les cas prévus par l'article 23, et les dépenses sont réglées d'après les prix de l'adjudication.

L'entrepreneur ne peut, dans aucun cas, pour les métrés et pesages, invoquer en sa faveur les us et coutumes.

TEXTE NOUVEAU

Art. 39.

Attachements

Texte ancien

Les attachements sont pris, au fur et à mesure de l'avancement des travaux, par l'agent chargé de la surveillance, en présence de l'entrepreneur et contradictoirement avec lui : celui-ci doit les signer au moment de la présentation qui lui en est faite.

Lorsque l'entrepreneur refuse de signer ces attachements ou ne les signe qu'avec réserve, il lui est accordé un délai de dix jours à dater de la présentation des pièces pour formuler par écrit ses observations. Passé ce délai, les attachements sont censés acceptés par lui, comme s'ils étaient signés sans réserve.

Dans le cas de refus de signature ou de signature avec réserves, il est dressé procès-verbal de la présentation et des circonstances qui l'ont accompagnée. Ce procès-verbal est annexé aux pièces non acceptées.

Les résultats des attachements inscrits sur les carnets ne sont portés en compte qu'autant qu'ils ont été admis par les ingénieurs.

Texte nouveau

Les attachements sont pris, au fur et à mesure de l'avancement des travaux, par l'agent chargé de la surveillance, en présence de l'entrepreneur et contradictoirement avec lui ; celui-ci doit les signer au moment de la présentation qui lui en est faite.

Lorsque l'entrepreneur refuse de signer ces attachements ou ne les signe qu'avec réserve, il lui est accordé un délai de dix jours à dater de la présentation des pièces pour formuler par écrit ses observations. Passé ce délai, les attachements sont censés acceptés par lui, comme s'ils étaient signés sans réserve.

Dans le cas de refus de signature ou de signature avec réserve, il est dressé procès-verbal de la présentation et des circonstances qui l'ont accompagnée. Ce procès-verbal est annexé aux pièces non acceptées.

Les résultats des attachements inscrits sur les carnets ne sont portés en compte qu'autant qu'ils ont été admis par les ingénieurs.

En cas de réclamations de l'entrepreneur produites dans les circonstances prévues au dernier paragraphe de l'article 10, des attachements contradictoires sont pris, soit sur sa demande, soit sur l'ordre de l'ingénieur, sans que ces constatations préjugent, même en principe, l'admission des réclamations présentées.

Art. 40.

Texte ancien

Décomptes mensuels.

A la fin de chaque mois, il est dressé un décompte provisoire des ouvrages exécutés

Texte nouveau

Décomptes provisoires mensuels.

A la fin de chaque mois, il est dressé un décompte provisoire des ouvrages exécutés

EXPLICATIONS A L'APPUI DES CHANGEMENTS APPORTÉS

Art. 39.

L'addition du dernier paragraphe a pour but de mettre à la disposition de l'Administration et de l'entrepreneur, dans les circonstances prévues à l'article 10, des attachements contradictoires susceptibles de faciliter l'examen ultérieur des réclamations. Ces constatations n'impliquent, d'ailleurs, en aucune façon, l'admission en principe, ou à un titre quelconque, des réclamations présentées.

Art. 40.

Les deux légers changements apportés à l'article 40 ont pour objet de mieux accuser la portée de cet article.

TEXTE ANCIEN	TEXTE NOUVEAU
et des dépenses faites pour servir de base aux payements à faire à l'entrepreneur.	et des dépenses faites pour servir de base aux payements *d'acomptes* à faire à l'entrepreneur.

ART. 41.

Décomptes annuels et décomptes définitifs

TEXTE ANCIEN	TEXTE NOUVEAU
A la fin de chaque année, il est dressé un décompte de l'entreprise que l'on divise en deux parties ; la première comprend les ouvrages et portions d'ouvrages dont le métré a pu être arrêté définitivement, et la seconde, les ouvrages ou portions d'ouvrages dont la situation n'a pu être établie que d'une manière provisoire.	A la fin de chaque année, il est dressé un décompte de l'entreprise que l'on divise en deux parties ; la première comprend les ouvrages et portions d'ouvrages dont le métré a pu être arrêté définitivement; et la seconde, les ouvrages ou portions d'ouvrages dont la situation n'a pu être établie que d'une manière provisoire.
L'entrepreneur est invité, par un ordre de service dûment notifié, à venir prendre connaissance, dans les bureaux de l'ingénieur, de ce décompte auquel sont joints les métrés et les pièces à l'appui, et à le signer pour acceptation ; procès-verbal est dressé de la présentation qui lui en est faite et des circonstances qui l'ont accompagnée.	L'entrepreneur est invité, par un ordre de service dûment notifié, à venir prendre connaissance, dans les bureaux de l'ingénieur, de ce décompte, auquel sont joints les métrés et les pièces à l'appui, et à le signer pour acceptation ; procès-verbal est dressé de la présentation qui lui en est faite et des circonstances qui l'ont accompagnée.
L'entrepreneur, indépendamment de la communication qui lui est faite de ces pièces sans déplacement, est, en outre, autorisé à faire transcrire par ses commis, dans les bureaux de l'ingénieur, celles dont il veut se procurer des expéditions.	L'entrepreneur, indépendamment de la communication qui lui est faite de ces pièces sans déplacement, est, en outre, autorisé à faire transcrire, par ses commis, dans les bureaux de l'ingénieur, celles dont il veut se procurer des expéditions.
En ce qui concerne la première partie du décompte, l'acceptation de l'entrepreneur est définitive, tant pour les quantités d'ouvrages que pour l'application des prix.	En ce qui concerne la première partie du décompte, l'acceptation de l'entrepreneur est définitive, tant pour les quantités d'ouvrages que pour l'application des prix.
S'il refuse d'accepter ou s'il ne signe qu'avec réserve, il doit déduire ses motifs par écrit dans les trente jours qui suivent la notification de l'ordre de service mentionné au paragraphe 2.	S'il refuse d'accepter ou s'il ne signe qu'avec réserves, il doit déduire ses motifs par écrit dans les trente jours qui suivent la notification de l'ordre de service mentionné au paragraphe 2.
Il est expressément stipulé que l'entrepreneur n'est point admis à élever de réclamations au sujet des pièces ci-dessus indiquées, après ledit délai de trente jours, et que, passé ce délai, le décompte est censé accepté par lui, quand bien même il ne l'aurait signé qu'avec des réserves dont les motifs ne seraient pas spécifiés.	Il est expressément stipulé que l'entrepreneur n'est point admis à élever de réclamations au sujet des pièces ci-dessus indiquées, après ledit délai de trente jours, et que, passé ce délai, le décompte est censé accepté par lui, quand bien même il ne l'aurait signé qu'avec des réserves dont les motifs ne seraient pas spécifiés.
Le procès-verbal de présentation doit toujours être annexé aux pièces non acceptées.	Le procès-verbal de présentation doit toujours être annexé aux pièces non acceptées.
En ce qui concerne la deuxième partie du décompte, l'acceptation de l'entrepre-	En ce qui concerne la deuxième partie du décompte, l'acceptation de l'entrepre-

EXPLICATIONS A L'APPUI DES CHANGEMENTS APPORTÉS

On a ajouté au titre le mot « provisoire » qui définit le véritable caractère des décomptes mensuels, et on a spécifié, dans le corps de l'article, que ces décomptes mensuels doivent servir de base pour le payement des « acomptes » à délivrer à l'entrepreneur.

Art. 41.

L'addition du dernier paragraphe se justifie ainsi :

Il y a tout avantage, aussi bien pour l'Etat que pour l'entrepreneur, à ce que le décompte général et définitif soit dressé dans un très bref délai après la réception provisoire, de telle sorte que les réclamations puissent être produites et examinées alors que les faits sont encore récents et que le personnel qui a suivi les travaux ne s'est pas encore éloigné. Pour les entreprises exceptionnelles, un délai spécial pourra, d'ailleurs, être prévu au cahier des charges.

Rien n'a été changé au texte actuel, en ce qui concerne les décomptes définitifs partiels. La pratique de ces décomptes est de nature à arrêter, dès l'origine, par la facilité des vérifications, un certain nombre de contestations, et elle s'impose dans certains cas, par exemple si les travaux sont momentanément suspendus, pour les ouvrages exécutés par voie d'épuisement qu'il est inutile de conserver visibles, et pour ceux qui sont exécutés à la faveur de marées exceptionnelles ou pendant les périodes de chômage des canaux.

D'une manière générale, les métrés définitifs et les décomptes définitifs partiels doivent être dressés au fur et à mesure de l'achèvement des ouvrages ou parties d'ouvrages susceptibles d'un mesurage exact. Cette manière de procéder, qui, sous le régime des anciennes clauses et conditions générales, offrait déjà de sérieux avantages, tant pour l'Administration que pour l'entrepreneur, s'imposera dorénavant dans la plupart des cas. Elle est, en effet, de nature à faciliter sensiblement l'observation des prescriptions du dernier paragraphe de l'article 41, qui oblige les Ingénieurs à notifier les décomptes généraux et définitifs des entreprises dans un délai de trois mois à partir de la date de la réception provisoire des travaux.

TEXTE ANCIEN	TEXTE NOUVEAU
neur n'est considérée que comme provisoire. Les stipulations des paragraphes 2, 3, 4, 5, 6 et 7 du présent article s'appliquent aux décomptes définitifs partiels qui peuvent être présentés à l'entrepreneur dans le courant de la campagne. Elles s'appliquent aussi au décompte général et définitif de l'entreprise, à l'exception du délai des réclamations qui est porté à quarante jours.	neur n'est considérée que comme provisoire. Les stipulations des paragraphes 2, 3, 4, 5, 6 et 7 du présent article s'appliquent aux décomptes définitifs partiels qui peuvent être présentés à l'entrepreneur dans le courant de la campagne. Elles s'appliquent aussi au décompte général et définitif de l'entreprise, à l'exception du délai des réclamations qui est porté à quarante jours. *A défaut de stipulation expresse dans le cahier des charges, l'ordre de service invitant l'entrepreneur à prendre connaissance de ce décompte lui est notifié dans un délai de trois mois à partir de la date de la réception provisoire.*

ART. 42.

L'entrepreneur ne peut revenir sur les prix du marché

TEXTE ANCIEN	TEXTE NOUVEAU
L'entrepreneur ne peut, sous aucun prétexte, revenir sur les prix du marché qui ont été consentis par lui.	*En dehors des cas prévus à l'article 33,* l'entrepreneur ne peut, sous aucun prétexte, revenir sur les prix du marché qui ont été consentis par lui.

ART. 43.

Reprise du matériel en cas de résiliation

TEXTE ANCIEN	TEXTE NOUVEAU
Dans les cas de résiliation prévus par les articles 34 et 36, les outils et équipages existant sur les chantiers et qui eussent été nécessaires pour l'achèvement des travaux sont acquis par l'Etat, si l'entrepreneur ou ses ayants droit en font la demande, et le prix en est réglé de gré à gré ou à dire d'experts. Ne sont pas compris dans cette mesure les bêtes de trait ou de somme qui auraient été employées dans les travaux. La reprise du matériel est facultative pour l'Administration dans les cas prévus par les articles 9, 30, 33, 35 et 37.	*A moins de stipulation contraire du devis, l'Administration, dans les cas de résiliation prévus par les articles 9, 30, 31, 34, 35, 36 et 37 a la faculté, mais non l'obligation, d'acquérir telle partie du matériel de l'entreprise qu'elle juge utile à l'achèvement des travaux,* si l'entrepreneur ou ses ayants droit en font la demande. *Lorsque la résiliation a lieu par application du troisième paragraphe de l'article 33, l'entrepreneur ne peut se refuser à céder à l'Administration les installations et le matériel visés par cet article.*
Dans tous les cas de résiliation, l'entrepreneur est tenu d'évacuer les chantiers, magasins et emplacements utiles à l'entreprise, dans le délai qui est fixé par l'Administration. Les matériaux approvisionnés par ordre et déposés sur les chantiers, s'ils rem-	Dans tous les cas de résiliation, l'entrepreneur est tenu d'évacuer les chantiers, magasins et emplacements utiles à l'entreprise dans le délai qui est fixé par l'Administration. Les matériaux approvisionnés par ordre, s'ils remplissent les conditions du devis,

EXPLICATIONS A L'APPUI DES CHANGEMENTS APPORTÉS

Art. 42.

L'addition faite a simplement pour but de réserver les cas prévus à l'article 33 dont le texte prévoit, dans certaines circonstances, l'allocation de plus-values.

Art. 43.

La rédaction actuelle impose à l'Etat l'obligation de reprendre la partie du matériel nécessaire pour l'achèvement des travaux dans les deux cas de résiliation prévus par les articles 34 (cessation ou ajournement des travaux) et 36 (décès de l'entrepreneur).

On a supprimé cette obligation qui pouvait, dans certaines circonstances, être très onéreuse pour l'Etat et qui n'a pas paru suffisamment justifiée.

Dans le cas de cessation absolue ou d'ajournement des travaux, l'article 34 reconnaît, en effet, le droit à indemnité de l'entrepreneur, qui peut dès lors se faire indemniser entièrement de la perte résultant pour lui du défaut d'utilisation de son matériel; et dans le cas du décès de l'entrepreneur, où la résiliation est motivée par une circonstance indépendante du fait de l'Administration, l'Etat ne doit, en principe, aucun dédommagement à ses héritiers et la reprise du matériel doit rester subordonnée aux circonstances.

Le nouvel article 43 porte que la reprise du matériel est facultative dans tous les cas de résiliation stipulés aux articles 9, 30, 31, 34, 35, 36 et 37, mais seulement lorsque l'entrepreneur ou ses ayants-droit en font la demande : cette reprise est limitée à la partie du matériel que l'Administration juge utile à l'achèvement des travaux. Lorsque, au contraire, la résiliation a lieu en vertu du dernier paragraphe de l'article 33, c'est à l'Administration qu'il appartient de provoquer la cession et de désigner à l'entrepreneur les installations et le matériel que celui-ci a alors l'obligation de céder moyennant l'indemnité spécifiée audit article 33; il est d'ailleurs entendu qu'il ne s'agit ici que du matériel appartenant en propre à l'entrepreneur, à l'exclusion du matériel en location.

TEXTE ANCIEN	TEXTE NOUVEAU
plissent les conditions du devis sont acquis par l'Etat au prix de l'adjudication ou à ceux résultant de l'application de l'article 29 ci-dessus. Les matériaux qui ne sont pas déposés sur les chantiers ne sont pas portés en compte, à moins de stipulations spéciales inscrites dans le devis de l'entreprise.	sont acquis par l'Etat aux prix de l'adjudication ou à ceux résultant de l'application de l'article 29 ci-dessus, *à moins de stipulations spéciales inscrites dans le devis de l'entreprise.*

TITRE IV

PAYEMENTS

Art. 44.

Payements d'acomptes

TEXTE ANCIEN	TEXTE NOUVEAU
Les payements d'acomptes s'effectuent tous les mois, en raison de la situation des travaux exécutés, sauf retenue d'un dixième pour garantie. Il est, en outre, délivré des acomptes sur le prix des matériaux approvisionnés, jusqu'à concurrence des quatre cinquièmes de leur valeur. Le tout sous la réserve énoncée à l'article 49 ci-après et sauf le payement des acomptes à des époques plus rapprochées, en vertu soit de l'article 6 du décret du 4 juin 1888 fixant les conditions exigées des sociétés d'ouvriers français pour soumissionner aux adjudications de l'Etat, soit des autres exceptions qui pourraient résulter des lois et décrets en vigueur.	Les payements d'acomptes s'effectuent tous les mois, en raison de la situation des travaux exécutés, sauf retenue d'un dixième pour garantie. Il est, en outre, délivré des acomptes sur le prix des matériaux approvisionnés *sur les chantiers*, jusqu'à concurrence des quatre cinquièmes de leur valeur. Le tout sous la réserve énoncée à l'article 49 ci-après et sauf le payement des acomptes à des époques plus rapprochées, en vertu soit de l'article 6 du décret du 4 juin 1888 fixant les conditions exigées des sociétés d'ouvriers français pour soumissionner aux adjudications de l'Etat, soit des autres exceptions qui pourraient résulter des lois et décrets en vigueur.

Art. 45.

Maximum de la retenue

TEXTE ANCIEN	TEXTE NOUVEAU
Si la retenue du dixième est jugée excéder la proportion nécessaire pour la garantie de l'entreprise, il peut être stipulé au devis ou décidé en cours d'exécution qu'elle cessera de s'accroître lorsqu'elle aura atteint un maximum déterminé.	(Sans changement.)

EXPLICATIONS A L'APPUI DES CHANGEMENTS APPORTÉS

Les modifications apportées au dernier paragraphe se justifient ainsi :

En ce qui concerne les matériaux approvisionnés que l'Administration est tenue de prendre en charge, il est tout aussi rationnel, dans la plupart des cas, de reprendre les matériaux préparés et approvisionnés dans les carrières ou les usines, en vue des travaux, que ceux déposés sur les chantiers. On a donc admis qu'à moins de stipulations spéciales inscrites dans le devis de l'entreprise, les matériaux approvisionnés par ordre, s'ils remplissent les conditions du devis, sont acquis par l'Etat aux prix de l'ajudication ou à ceux résultant de l'application de l'article 29.

Art. 44.

La seule modification apportée à l'article 44 consiste dans l'addition des mots « sur les chantiers » au mot « approvisionnés », de façon à définir le caractère des approvisionnements qui donneront lieu au payement d'acomptes.

TEXTE ANCIEN	TEXTE NOUVEAU

ART. 46.

Réception provisoire

TEXTE ANCIEN	TEXTE NOUVEAU
Immédiatement après l'achèvement des travaux, il est procédé à une réception provisoire par l'ingénieur ordinaire, en présence de l'entrepreneur ou lui dûment appelé par écrit. En cas d'absence de l'entrepreneur, il en est fait mention au procès-verbal.	(Sans changement.)

ART. 47.

Réception définitive

TEXTE ANCIEN	TEXTE NOUVEAU
Il est procédé de la même manière à la réception définitive après l'expiration du délai de garantie. A défaut de stipulation expresse dans le devis, ce délai est de six mois à dater de la réception provisoire pour les travaux d'entretien, les terrassements et les chaussées d'empierrement, et d'un an pour les ouvrages d'art. Pendant la durée de ce délai, l'entrepreneur demeure responsable de ses ouvrages et est tenu de les entretenir.	Il est procédé de la même manière à réception définitive après l'expiration d délai de garantie. A défaut de stipulation expresse dans devis, ce délai est de six mois à dater de réception provisoire pour les travaux d'e tretien, les terrassements et les chaussée d'empierrement, et d'un an pour les o vrages d'art. Pendant la durée de ce délai, l'entrepre neur demeure responsable de ses ouvrage et est tenu de les entretenir. *Réserve est faite au profit de l'Etat l'action en garantie prévue par les articl 1792 et 2270 du Code civil.*

ART. 48.

Payement de la retenue de garantie

TEXTE ANCIEN	TEXTE NOUVEAU
La retenue de garantie de l'entreprise n'est payée à l'entrepreneur qu'après la réception définitive et lorsqu'il a justifié de l'accomplissement des obligations énoncées dans l'article 19. Si l'entrepreneur n'a pas fourni cette justification au moment de la réception définitive, la retenue de garantie est déposée en tout ou en partie à la Caisse des dépôts et consignations, pour n'être ensuite délivrée à l'entrepreneur que sur le vu d'un certificat de l'ingénieur en chef constatant que les prescriptions énoncées au paragraphe précédent ont été remplies.	La retenue de garantie de l'entrepris n'est payée à l'entrepreneur qu'après réception définitive et lorsqu'il a justifi de l'accomplissement des obligations énor cées à l'article 19.

EXPLICATIONS A L'APPUI DES CHANGEMENTS APPORTÉS

Art. 47.

Cet article a été complété de façon à réserver au profit de l'Etat l'action en garantie prévue par les articles 1792 et 2270 du Code civil.

Il ne paraît pas possible, sans doute, d'invoquer contre les entrepreneurs des travaux des Ponts et Chaussées la responsabilité décennale, pour les vices du sol ou du plan ; mais elle peut l'être très légitimement pour les fraudes et les malfaçons qui sont commises malgré la surveillance des agents de l'Etat.

Les malfaçons ne sont pas toujours constatées en cours d'exécution ; elles ne se révèlent qu'avec le temps, elles peuvent être assez graves pour compromettre la solidité de l'ouvrage et si l'on renonçait à la responsabilité décennale, il faudrait nécessairement augmenter la durée actuelle du délai de garantie, qui deviendrait insuffisant.

Il a paru préférable, dans l'intérêt de tous, d'affirmer le principe de cette responsabilité, qui est de droit commun, et que l'on n'appliquera que dans les cas où les circonstances paraîtront devoir la comporter.

Art. 48.

La consignation que prescrit le second paragraphe de l'article actuel a pour effet de soustraire à la déchéance quinquennale prévue par l'article 9 de la loi du 29 janvier 1831 les sommes dues aux entrepreneurs et de les rendre productives d'intérêts. La situation privilégiée ainsi créée au bénéfice de certains créanciers de l'Etat a soulevé des objections de la part de l'Administration des Finances, et il a paru nécessaire d'y mettre fin.

TEXTE ANCIEN	TEXTE NOUVEAU

Art. 49.

Intérêts pour retard de payement

TEXTE ANCIEN	TEXTE NOUVEAU
Les payements ne pouvant être faits qu'au fur et à mesure des fonds disponibles, il ne sera jamais alloué d'indemnités, sous aucune dénomination, pour retard de payement pendant l'exécution des travaux. Toutefois, si l'entrepreneur ne peut être entièrement soldé dans les trois mois qui suivent la réception définitive régulièrement constatée, il a droit, à partir de l'expiration de ce délai, à des intérêts calculés d'après le taux légal pour la somme qui lui reste due.	Les payements ne pouvant être faits qu'au fur et à mesure des fonds disponibles, il ne sera jamais alloué d'indemnité, sous aucune dénomination, pour retard de payement pendant l'exécution des travaux. Toutefois, si l'entrepreneur ne peut être entièrement soldé dans les trois mois qui suivent la réception définitive régulièrement constatée, des intérêts calculés d'après le taux légal pour la somme qui lui reste due *lui sont payés sur sa demande et à partir du jour de cette demande.*

TITRE V

CONTESTATIONS

Art. 50.

Intervention de l'Ingénieur en chef

TEXTE ANCIEN	TEXTE NOUVEAU
Si, dans le cours de l'entreprise, des difficultés s'élèvent entre l'ingénieur ordinaire et l'entrepreneur, il en est référé à l'ingénieur en chef. Dans les cas prévus par l'article 22, par le deuxième paragraphe de l'article 23 et par le deuxième paragraphe de l'article 27, si l'entrepreneur conteste les faits, l'ingénieur ordinaire dresse procès-verbal des circonstances de la contestation et le notifie à l'entrepreneur, qui doit présenter ses observations dans un délai de trois jours. Ce procès-verbal est transmis par l'ingénieur ordinaire à l'ingénieur en chef pour qu'il y soit donné telle suite que de droit.	(Sans changement.)

Art. 51.

Intervention de l'Administration

TEXTE ANCIEN	TEXTE NOUVEAU
En cas de contestation avec les ingénieurs, l'entrepreneur doit adresser au Préfet, pour être transmis avec l'avis des	En cas de contestation avec l'*Ingénieur en chef*, l'entrepreneur doit, *à peine de forclusion, dans un délai maximum de trois*

EXPLICATIONS A L'APPUI DES CHANGEMENTS APPORTÉS

ART. 49.

Le second paragraphe de cet article a été modifié :

Le solde de l'entreprise devra, comme par le passé, être payé dans les trois mois qui suivront la réception définitive ; mais les intérêts à allouer en cas de retard, au lieu de courir de droit à partir de l'expiration de ce délai, ne seront plus payés que sur la demande de l'entrepreneur et à partir du jour de cette demande.

C'est là le droit commun, et, en y revenant, on évitera le préjudice que peuvent causer au Trésor certains retards de liquidation. Il arrive, en effet, parfois, que les ingénieurs perdent de vue la liquidation d'une entreprise ; la demande de l'entrepreneur sera un stimulant pour le service liquidateur.

ART. 51.

On a substitué, dans le premier paragraphe, les mots « en cas de désaccord avec l'Ingénieur en chef » aux mots « en cas de désaccord avec les Ingénieurs ». Cette modification a pour but de mettre l'article plus en harmonie avec l'article précédent.

TEXTE ANCIEN	TEXTE NOUVEAU
ingénieurs à l'Administration, un mémoire où il indique les motifs et le montant de ses réclamations.	*mois à partir de la notification de la réponse de ce chef de service,* adresser au Préfet, pour être transmis avec l'avis des ingénieurs à l'Administration, un mémoire où il indique les motifs et le montant de ses réclamations.
Si dans le délai de trois mois à partir de la remise du mémoire au préfet, l'Administration n'a pas fait connaître sa réponse, l'entrepreneur peut, comme dans le cas où ses réclamations ne seraient pas admises, saisir desdites réclamations la juridiction contentieuse. Il n'est admis à porter devant cette juridiction que les griefs énoncés dans le mémoire remis au Préfet.	Si, dans le délai de trois, à partir de la remise du mémoire au Préfet, l'Administration n'a pas fait connaître sa réponse, l'entrepreneur peut, comme dans le cas où ses réclamations ne seraient pas admises, saisir desdites réclamations la juridiction contentieuse. Il n'est admis à porter devant cette juridiction que les griefs énoncés dans le mémoire remis au Préfet.
Si, dans le délai de six mois, à dater de la notification de la décision ministérielle intervenue sur les réclamations auxquelles aura donné lieu le décompte général et définitif de l'entreprise, l'entrepreneur n'a pas porté ses réclamations devant le tribunal compétent, il sera considéré comme ayant adhéré à ladite décision, et toute réclamation se trouvera éteinte.	Si, dans le délai de six mois, à dater de la notification de la décision ministérielle intervenue sur les réclamations auxquelles aura donné lieu le décompte général et définitif de l'entreprise, l'entrepreneur n'a pas porté ses réclamations devant le tribunal compétent, il sera considéré comme ayant adhéré à ladite décision, et toute réclamation se trouvera éteinte.

Art. 52.

Jugement des contestations

TEXTE ANCIEN	TEXTE NOUVEAU
Conformément aux dispositions de la loi du 28 pluviôse an VIII, toute difficulté entre l'Administration et l'entrepreneur concernant le sens ou l'exécution des clauses du marché est portée devant le Conseil de préfecture qui statue, sauf recours au Conseil d'Etat.	Conformément aux dispositions de la loi du 28 pluviôse an VIII, toute difficulté entre l'Administration et l'entrepreneur concernant le sens ou l'exécution des clauses du marché est portée devant le Conseil de préfecture qui statue, sauf recours au Conseil d'Etat, *à moins qu'un accord intervienne entre les parties pour recourir à l'arbitrage prévu par la loi du 17 avril 1906.* Paris, le 29 décembre 1910. *Le Ministre des Travaux publics, des Postes et des Télégraphes,* Louis PUECH.

EXPLICATIONS A L'APPUI DES CHANGEMENTS APPORTÉS

Il a, d'autre part, paru nécessaire de fixer un délai passé lequel l'entrepreneur ne sera plus admis à porter ses réclamations devant l'Administration.

ART. 52.

Le dernier membre de phrase a été ajouté pour tenir compte de l'existence de l'article 69 de la loi de finances du 17 avril 1906, qui autorise l'Etat à recourir à l'arbitrage pour la liquidation des dépenses de travaux publics et de fournitures. Il convient de rappeler que, pour faciliter l'arbitrage et diminuer le nombre des litiges, un décret du 24 décembre 1907 a institué, au Ministère des Travaux publics, un Comité consultatif de règlement amiable des entreprises et des marchés de fournitures ; l'Administration attend de la création de ce Comité, comme l'a indiqué la circulaire du 15 février 1908, les résultats les plus importants, aussi bien pour les intérêts généraux dont elle a la charge que pour les entrepreneurs avec lesquels elle est appelée à traiter.

Paris, le 29 décembre 1910.

Le Ministre des Travaux publics,
des Postes et des Télégraphes,

LOUIS PUECH.

IMPRIMERIE " L'UNION TYPOGRAPHIQUE ", VILLENEUVE-SAINT-GEORGES

www.ingramcontent.com/pod-product-compliance
Ingram Content Group UK Ltd.
Pitfield, Milton Keynes, MK11 3LW, UK
UKHW020439230726
13925UKWH00004B/1751